Mary-Gérard Vaude

Für Louis, Gustave und Gaspard

Bäume
Europas

RvR
Castor & Pollux

Vorwort

Wie das Wasser und die Luft erscheint der Wald als ein Raum, den jeder nutzt, ohne dass jemand wirklich die Verantwortung für ihn übernimmt oder über ihn Buch führt. Der Wald ist ein kollektives Gut, das mittlerweile in Folge der drastischen Bevölkerungszunahme und dem steigenden Konsum von Holz- und Papierprodukten bedroht ist. Der Wald kann nur dann erhalten bleiben, wenn die Menschen sich aus eigenem Interesse für ihn einsetzen. Bäume werden wegen ihrer Standhaftigkeit von den Menschen verehrt, oft wird jedoch aufgrund ihrer Langlebigkeit vergessen, dass auch sie verletzlich und vergänglich sind. Meist wird darüber hinweggesehen, dass Wälder für die Menschen lebenswichtig sind und dass Holz ein knappes und entsprechend wertvolles Gut war und ist.

Wälder beeinflussen das Klima, den Wasserkreislauf, produzieren Sauerstoff und binden Kohlendioxid, und sie sind die Heimat vieler Pflanzen, Tiere und Menschen. Darüber hinaus sind Wälder wichtige Naherholungsgebiete und prägen das Landschaftsbild vieler Regionen. Hiervon ausgehend verfassten 1992 die Teilnehmer der Konferenz der Vereinten Nationen für Umwelt und Entwicklung die so genannte Rio-Deklaration. Darin wurde das bisher hauptsächlich wirtschaftlich geprägte Konzept der nachhaltigen Nutzung von Wäldern um soziale und ökologische Aspekte ergänzt. So heißt es darin: „Die Staaten arbeiten im Geist einer weltweiten Partnerschaft zusammen, um die Gesundheit und die Unversehrtheit des Ökosystems der Erde zu erhalten, zu schützen und wiederherzustellen. Angesichts der unterschiedlichen Beiträge zur Verschlechterung der globalen Umweltsituation tragen die Staaten gemeinsame, jedoch unterschiedliche Verantwortlichkeiten. Die entwickelten Staaten erkennen ihre Verantwortung an, die sie beim weltweiten Streben nach nachhaltiger Entwicklung im Hinblick auf den Druck, den ihre Gesellschaften auf die globale Umwelt ausüben, sowie im Hinblick auf die ihnen zur Verfügung stehenden Technologien und Finanzmittel tragen."

Die Prinzipien einer wirtschaftlichen sowie sozial und ökologisch verträglichen Nutzung der Wälder fand auch Eingang in die weltweit gültigen Prinzipien des Forest Stewardship Council (FSC). Mit diesem Label werden Waldbesitzer und Betriebe ausgezeichnet, die eine ökologisch, sozial und wirtschaftlich nachhaltige Bewirtschaftung der Wälder beziehungsweise die Verarbeitung und den Handel des Holzes nach den Kriterien des FSC gewährleisten können. Mit dem Kauf von Holz- und Papierprodukten, die das FSC-Label tragen, kann der Verbraucher also sicher sein, dass er eine verantwortungsvolle Waldwirtschaft unterstützt und einen Beitrag zum Erhalt der Wälder weltweit leistet.

Das vorliegende Buch zeigt, welchen Reichtum und welche Schönheit die Bäume dem aufmerksamen Beobachter bereithalten und es unterstreicht somit den Nutzen und die Notwendigkeit eines Engagements für den Wald.

Nina Grießhammer
Fachbereich Wald, WWF Deutschland

Tanne

Familie der Pinaceae, Gattung *Abies*

Die Tanne ähnelt einer strengen Lehrerin. Am liebsten würde man ihr einen Kneifer auf die Nase setzen und ihr einen Stock in die Arme legen. Eine Tanne lacht nicht. Sie bleibt stets offiziell wie ein Papist und steif wie ein Priester. Doch ihr Taktgefühl verbirgt nichts als Wohlwollen. Der Frühling verleiht ihren grünen Augen einen sanften Glanz. Und wenn das golden geschminkte Abendlicht ihre feierliche Miene neckt, entlockt es ihr das zurückhaltende Lächeln der weisen Alten.

Die Römer bezeichneten mit dem Wort „sapinus" – eine Verbindung des gallischen Wortes „sappus" für Tanne und dem lateinischen „pinus" für Kiefer – einen Nadelbaum. Speziell für die Tanne verwendeten sie den Begriff „abies", abgeleitet von einem Verb mit der Bedeutung „der Sicht entschwunden", da manchmal Wolken ihre hohen Wipfel verhüllten. Ebenso war das Wort für Gegenstände aus Tannenholz gebräuchlich wie Speere, Schreibtafeln oder Gefäße.

In der griechischen Antike waren die Tannen der Nymphe Elate gewidmet. Poseidon, der die schöne Nymphe zu seiner Geliebten gemacht hatte, verwandelte sie zum Dank in einen unbesiegbaren Krieger. Seine Schlachten und sein Kampfesmut brachten ihm bald so viel Ruhm ein, dass er den Thron der Lapithen bestieg. Berauscht vom Erfolg zwang er das Volk, seinen Speer aus Tannenholz wie einen Gott zu verehren. Zeus ertrug diese Maßlosigkeit nicht und beauftragte die Zentauren des Waldes von Thessalien, ihn zu ermorden. Da keine Waffe ihm etwas anhaben konnte, töteten sie ihn mit dem Stamm einer Tanne. Als man ihn bestatten wollte, fand man den Leichnam einer Frau.

Niemand machte der Tanne ihre königliche Herrschaft über die germanischen Wälder oder all die in ihren Schatten getauchten Bergmassive streitig. Diesen Baum, der an den Hängen der Gebirge thront wie ein aus Holz geschnitzter Heiliger auf seinem Sockel, und den ein grüner Heiligenschein der Unsterblichkeit umgibt, erkoren die Menschen zu ihrem würdigen Beschützer. Er hielt den Blitzschlag und die bösen Geister fern. Man befestigte einen Tannenzweig auf dem Dachfirst von Häusern oder Hütten und bat so um die Fruchtbarkeit der Frauen und Tiere. Die Holzfäller weigerten sich, alte Tannen abzuschlagen. Der Grund war ein Aberglaube, demzufolge darin Elfen wohnten.

Die Tanne vollbrachte manch gutes Werk. Sie fand ihre Ruhe als Firstbalken auf den Dachstühlen. Die Marine entdeckte ihre Tauglichkeit für die See und stellte ganze Wälder aus Masten auf, so viele Segel gab es zu tragen. Bald darauf verwandelte die Fee Elektrizität sie in Leitungsmasten, und ihr Leben schien nur noch an einem Faden zu hängen. Als hätte das Schicksal sie dazu verdammt, im Stehen zu sterben.

Ihre Verwendung als Sargholz passt weder zu einem solchen heldenhaften Ende noch zu dem Gedanken an den sanften belebenden Duft einer Tannenschonung. Dennoch leistete die Tanne ihre Dienste auch auf weniger langen Reisen. So verwendete man fast den kompletten Baum für den Bau von Wagen, sodass manche Kutscher ihre Fiaker sogar scherzhaft als „Tannen" bezeichneten. Tannenharz wurde zu Terpentin und Teer verarbeitet. Als Kolophonium trug man es auf die mit Rosshaar bezogenen Bögen der Streichinstrumente auf. Die Knospen der Tannen waren Teil des Rezepts für ein Bier, das gegen Skorbut helfen sollte. Früher bestanden auch Getränkekisten aus Tanne. Aber viel weiter reichten ihre Tugenden hinsichtlich der Freuden des Bacchus leider nicht.

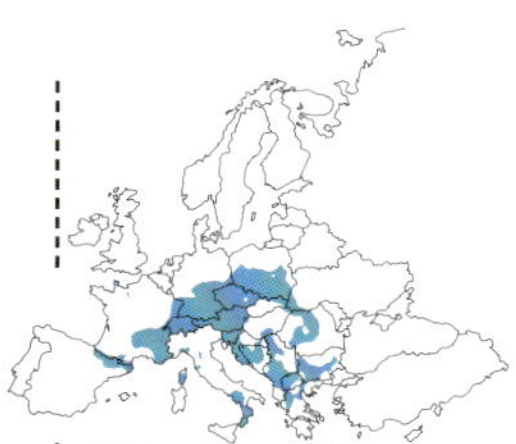

Höhe
45 bis 50 m
Lebensdauer
200 bis 300 Jahre
Natürliches Vorkommen
Gebirge (zwischen 400 und 1800 m)
Blütezeit
Mai
Bezeichnung der Früchte
Zapfen
Verwendung
Vorwiegend für Dachstühle, in Tischlereien, Holztäfelungen, zur Papierherstellung
Immergrün

Die Gattung *Abies* gehört zur Familie der Kieferngewächse (*Pinaceae*) und umfasst um die 40 Arten.
Die **Edeltanne** (*Abies alba*), die auch unter den Namen **Weißtanne**, **Echte Tanne** oder **Silbertanne** bekannt ist, kommt mehr oder weniger häufig in allen europäischen Mittelgebirgen vor. Ihre Nadeln sitzen einzeln mit verbreitertem Grund ohne eine Unterlage direkt auf dem Zweig und liegen deshalb glatt an.
Die Art verträgt Schatten und passt sich an verschiedene Böden an, die allerdings nährstoffreich und wasserdurchlässig sein müssen. Trockenheit und starken Frost verträgt sie nicht. Ihre waagerecht abstehenden Äste bilden Etagen.
Ihre silbrige Rinde ist zuerst glatt und wird später dunkler und rissig. Die kurzen, dunkelgrün glänzenden Nadeln sind schraubig angeordnet. Jede einzelne ist abgeflacht und am Ende stumpf abgerundet. Sie bleiben rund zehn Jahre am Baum. Zwei silberweiße Streifen kennzeichnen ihre Unterseite. Die Blüten dieser einhäusigen Pflanzen treten in Gruppen auf, entweder als viele gelbliche, kugelförmige, männliche Kätzchen oder als weniger zahlreiche, kleinere weibliche, die an der Oberseite der Zweige stehen. Die breiten, zylinderförmigen, rotbraunen Zapfen sitzen an den Zweigen. Sie haben Zapfenschuppen, die mit den reifen Samen im Herbst auf den Boden fallen. Der Rest zersetzt sich am Baum.

Fichte

Familie der Pinaceae, Gattung *Picea*

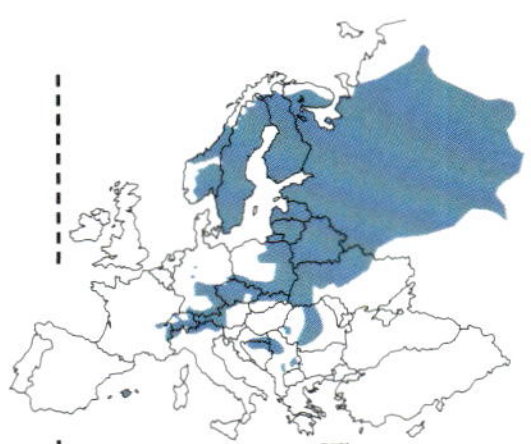

Höhe
50 m
Lebensdauer
300 Jahre im Gebirge und 60 Jahre auf dem flachen Land
Natürliches Vorkommen
Ostlagen im Gebirge (700 bis 2000 m)
Blütezeit
Mai bis Juni
Bezeichnung der Früchte
Zapfen
Verwendung
Für Dachstühle, in Tischlereien, für Saiteninstrumente, für Furniere, als Straßburger Terpentin, als Weihnachtsbaum
Immergrün

Das Leben ist nicht einfach. Man denke nur an den Weihnachtsbaum, bei dem es sich ebenso wenig um eine Tanne handelt, wie bei einer Falschen Akazie um eine echte. Die festlichen Tannenbäume gehören zwar zu den Koniferen, aber es sind Fichten. Der Einfachheit halber ordnete Linné die Fichte den Kieferngewächsen zu und gab ihr den botanischen Namen *Pinus abies*, „tannenartige Kiefer". Später führte Dietrich, ein anderer Botaniker, die Gattung *Picea* ein. Und dass für Fichten auch die Bezeichnungen Rottanne oder Norwegertanne üblich sind, stiftet noch mehr Verwirrung.

Eine mit Schmuck behängte Frau vergleicht man mit einem Weihnachtsbaum. Für die Fichte ist das schmeichelhaft. Lange Zeit hingen an ihren Zweigen ausschließlich schuppige, selbst gefertigte Armbänder. Bekannt ist im Übrigen die Geschichte des heiligen Bonifatius, der einst zur Weihnachtszeit eine Axt gegen eine als heilig geltende Eiche erhob. Der alte Ungläubige soll dabei unter ihrem riesigen Astwerk alles erschlagen haben, außer einer kleinen Fichte. Daraufhin nannte der Mönch sie „Baum des Jesuskindes".

Der Baumschmuck hat in Deutschland seinen Ursprung, die Kerzen verdanken wir Martin Luther, die Krippe dem heiligen Franz und den Weihnachtsbaum dem heiligen Nikolaus. Mit den Elsässern kam der Weihnachtsbaum nach Frankreich, wo diese Tradition nach dem Krieg von 1870 eingeführt wurde. Zuvor hatten die Kelten die Fichte in ihrem Kalender zum Baum der Geburt am 24. Dezember erklärt. In einer Zeit, als die Sonne noch konkurrenzlos als Heilsbringer galt.

Picea ist von dem lateinischen Wort „pix" für Pech abgeleitet. Und der botanische Artname *excelsa* weist auf ihre beeindruckende Höhe hin. Jedoch reichte diese Bezeichnung nicht aus, um sie von der Tanne zu unterscheiden, mit der sie ihren Namen und ihre Umgebung teilen muss. Ihr Aussehen entspricht allerdings unserer Vorstellung von einer echten falschen Tanne, nämlich derjenigen, die Kinder malen und die zu Weihnachten allgegenwärtig ist.

Erkennen kann man sie an ihrer schuppigen und rötlichen Rinde, an der Art, ihre Zweige zu tragen und an ihren hängenden Zapfen, die ganz bleiben, wenn sie herunterfallen. Trotz ihrer Kugeln und Girlanden gefällt die Fichte nicht jedem. Es gab viele Proteste dagegen, dass aus reiner Profitgier dichte Fichtenwälder armeengleich in Landschaften angepflanzt wurden, wo dieser Nadelbaum nicht natürlich vorkommt. Auch auf Spaziergänger wirkte ihr Unterholz mit den übersäuerten Böden und kahlen Stämmen nicht gerade einladend.

Dies hat die Fichte nicht verdient. Immerhin verglich der französische Dichter Appollinaire sie mit einem Astrologen und die größten Geigenbauer klopften persönlich mit der Axt an ihren Stamm, um das Holz für ihre Instrumente so sorgfältig wie möglich auszuwählen. Die berühmten Stradivaris verdanken der Fichte ihren Klang und ihr wunderbares Resonanzvermögen. Die Fichte verleiht ihnen Körper und Seele.

Die Gattung *Picea* umfasst etwa 50 Arten und gehört zur Familie der Kieferngewächse (*Pinaceae*).
Die **Gemeine Fichte** (*Picea abies* oder *excelsa*) ist die in Europa heimische Art. Sie wächst in Gebirgen und wird zur kommerziellen Nutzung angepflanzt. Sie gedeiht auf allen Böden und verträgt selbst starken Frost.
Ihre zunächst glatte, rotbraune Rinde bildet feine Schuppen, die sich schließlich ablösen. Ihre kleinen, dunkelgrün glänzenden, stechenden Nadeln stehen einzeln und verteilen sich spiralig um den ganzen Zweig. Sie bleiben bis zu sieben Jahre am Baum.
Die Art ist einhäusig. Die aufrechten weiblichen Blütenstände bilden sich vor den männlichen und werden von den eiförmigen männlichen Blüten anderer Bäume befruchtet, die reichlich Pollen verbreiten. Die zylindrischen Zapfen haben schmale Schuppen und hängen einzeln.

Zirbelkiefer

Schirmkiefer

Kiefer

Familie der Pinaceae, Gattung *Pinus*

Waldkiefer

Das Grün von Pinien vor blauem Meer und blauem Himmel, ihre rötlichen Stämme über glänzendem Sand, ihre zerklüftete Gestalt zwischen Felsen. Bilder des Glücks! Zirpende Grillen in kleinen Buchten, in den weiten Dünen das Brechen der Wellen: die Musik der Pinie. Und ihr Geruch, bei geschlossenen Augen, ist der Schlüssel zum Träumen in der Sonne. Die Kiefer, Spiegel der glitzernden Unendlichkeit, des blendenden Schnees. Wächterin der Küsten, Hirtin der Hänge! Alte von den Winden geliebte Bardin!

Vor 280 Millionen Jahren erblickten die Koniferen das Licht der Welt. Dieser uralten Abstammung verdankt die Kiefer ihre archaische Anmutung. Die wahnsinnigen Erschütterungen so vieler Jahrtausende haben ihr eine erstaunliche Widerstandskraft verliehen: Die Sonne stillt ihren Durst, der Felsen ernährt sie.

So verwundert es nicht, dass die Menschen der Antike diesen Baum verehrten. Ihre Zapfen galten als Fruchtbarkeitssymbol. Anlass zu erotischen Metaphern für den erigierten Penis gab der suggestiv kegelförmige Wuchs junger Schirmkiefern.

Die Kiefer ist ein Attribut des Gottes Pan, der sich aus ihren Zweigen eine Krone band. Und den Stab des Dionysos schmückte ein Kiefernzapfen. Aus einer Legende erfahren wir von dem Ende der Nymphe Pitys, die der Verfolgung durch Pan entging, indem sie sich in eine Schwarzkiefer verwandelte, um ihre Unschuld zu retten. Einer anderen Legende nach entmannte sich Attis, der Geliebte von Kybele, im Schatten einer Kiefer selbst, starb und nahm die Gestalt einer Schirmkiefer an. Auf den großen Festen zu Ehren der Kybele brachten die Römer Opfergaben; ein Kiefernzweig symbolisierte den toten und wieder auferstandenen Gott. Während das römische Imperium sich im Niedergang befand, entwickelte sich dieser Kult zu Kastrationsriten, bei denen die beteiligten Priester-Novizen sich selbst verstümmelten und sich davon ewiges Leben versprachen. Wie viele Symbole hat auch die Kiefer gegensätzliche Bedeutungen. Schneidet man sie stark zurück, treibt sie nicht wieder aus und geht ein. Aber ihr Grün repräsentiert Unsterblichkeit. Während die Kiefer, deren reife Zapfen sich öffnen, um fruchtbare Samen freizugeben, gemeinhin als Phallussymbol gilt, stehen ihre geschlossenen Zapfen für Keuschheit und Jungfräulichkeit. Den Christen dürfte diese heidnische Symbolik wohl kaum gefallen haben. Während Merlin sich auf die Kiefern im Zauberwald von Brocéliande setzte, sah der heilige Martin in diesem Baum den Teufel und ließ alle heiligen Eichen und Kiefern fällen.

Früher hatten Kiefern eine große wirtschaftliche Bedeutung. Durch Destillation gewann man aus Kiefernharz einen wichtigen Bestandteil des Terpentins und des Kolophoniums. Harzrückstände, die „crapula", dienten u. a. dazu, die Haltbarkeit griechischer Weine zu erhöhen. Doch bis heute sind diese Zusätze umstritten. Das lateinische Wort „crapula" bezeichnete den Weinrausch und den Kater nach übermäßigem Alkoholgenuss. Zudem stellte man aus Kiefernharz Teer und Pech her. Damit imprägnierte man Holz, insbesondere wenn es auf See genutzt werden sollte. Kiefernstämme wurden zu Schiffsmasten und Takelagen verarbeitet.

Die Rinde, die Knospen und die Kerne der Pinie wurden zu Heilzwecken genutzt. Sie enthalten besondere Stoffe mit heilsamen Wirkungen für die inneren Organe, die Atemwege oder die Haut.

Die Kiefer und ihr Harz erleuchteten die Nächte der Antike, ihre Zärtlichkeiten, ihre Trugbilder und ihre Verbrechen.

Seestrandkiefer

Höhe
20 bis 30 m
Lebensdauer
Höchstens 200 Jahre
Natürliches Vorkommen
An Küsten, auf kalkarmen Böden und in warmem Klima
Blütezeit
April bis Mai
Bezeichnung der Früchte
Zapfen
Verwendung
Bergbau, Tischlereien, Papierherstellung, Spanplatten, Vertäfelungen, früher Terpentin
Immergrün

Hakenkiefer

Seestrandkiefer

Pinienzapfen

Die Gattung *Pinus* ist mit 80 Arten, die den größten Anteil der Kiefernwälder stellen, die bedeutendste aus der Familie der Kieferngewächse (*Pinaceae*). Alle Kiefern sind große Bäume, lieben Licht und sind Pionierpflanzen, die sich auch auf unwirtlichem Gelände leicht verbreiten. Sie sind einhäusig und produzieren im Frühjahr große Mengen an Pollen. In Europa kommen sie abseits der großen Wälder auch immer wieder als Einzelgänger vor.

Die **Waldkiefer** (*Pinus sylvestris*) hat einen aufrechten Stamm und kann bis zu 40 Meter hoch werden. Die spitz zulaufende, kegelförmige Krone entwickelt mit der Zeit einen lockeren, weniger geometrischen Wuchs. Diese langlebige Kiefernart ist die weltweit am weitesten verbreitete. Die graubraune Rinde ist im unteren Teil des Stammes stark rissig, nach oben hin färbt sie sich fuchsrot und blättert in dünnen Schichten ab. Ihre spärliche Benadelung leuchtet graugrün. Die spiralig angeordneten Nadeln wachsen paarweise und erneuern sich alle zwei Jahre. Die eiförmigen männlichen Kätzchen sind gelb. Die weiblichen sind zäpfchenförmig, rot oder gelb, zuerst aufrecht und später hängend. Im folgenden Jahr reifen die kleinen, matt braunen Zapfen mit ihren flachen und gebogenen Schuppen.

Die **Hakenkiefer** (*Pinus uncinata*) ist eine verwandte, aber wesentlich seltenere Art. Sie ist extrem robust und bildet oft in höchsten Lagen die einzige noch vorkommende Vegetation. Sie hat einen geraden Stamm, eine dichte, kegelförmige Krone und ihre Äste wachsen gleichmäßig in Etagen. Ihre kürzeren, stechenden, dunkelgrünen Nadeln bilden sich paarweise und bleiben zwischen fünf und zehn Jahren am Baum. Ihre kleinen braunen Zapfen sind eiförmig und haben hakenförmig nach unten gebogene Zapfenschuppen.

Schirmkiefern

Seestrandkiefer

Die **Seestrandkiefer** (*Pinus pinaster*) kommt vorwiegend im Mittelmeerraum vor und schützt Dünen und Waldböden vor Erosion. Ihr gebeugter Stamm trägt eine spärliche, kegelförmige Krone, die zunehmend in die Breite wächst. In nährstoffreichen, kalkhaltigen Böden erreicht sie eine Höhe von rund 30 Metern. Sie bevorzugt klimatisch milde und feuchte Standorte. Ihre dicke, sehr rissige Rinde ist bräunlich-violett. Die langen, dicken und stechenden Nadeln glänzen dunkelgrün und wachsen paarweise. Die männlichen Blüten sind gelblich bis rosafarben, die weiblichen kegelförmig und rötlich-violett. Die fuchsrot leuchtenden Zapfen reifen nach drei Jahren und haben pyramidenförmige und nach außen gebogene Zapfenschuppen.

Die **Korsische Schwarzkiefer** (*Pinus laricio* var. *corsicana*) ist eine auf der Insel Korsika verbreitete Varietät. Ihren botanischen Namen verdankt sie ihrer Ähnlichkeit mit der Lärche, lateinisch „larix". Sie erreicht eine Höhe von 45 Metern und stellt damit den Rekord der gesamten Gattung auf. Die wenigen, regelmäßig angeordneten und spärlich belaubten Äste an ihrem aufrechten Stamm lassen sie majestätisch wirken. Sie wächst langsam und kann 300 Jahre alt werden. Die kalkliebende Art bevorzugt Sonne, milde Temperaturen und Feuchtigkeit. Man hat sie auch auf dem europäischen Festland angesiedelt. Große, graurote Platten mit tiefen Furchen charakterisieren ihre Rinde. Ihre graugrünen, biegsamen Nadeln bilden sich paarweise und erneuern sich nach drei Jahren. Alle zwei Jahre reifen die glänzenden, roten, zugespitzten Zapfen. Sie haben keine Stiele.

Die **Österreichische Schwarzkiefer** (*Pinus nigra* var. *austriaca*) kommt vom jugoslawischen Mittelmeergebiet über Österreich bis in unsere Breiten natürlich vor. Mit 30 Metern Höhe ist diese Varietät nicht viel kleiner. Der gerade, etwas dickere Stamm bildet lange Äste zu einer dunkelgrünen, dicht belaubten, breiten Krone. Die silbrig-graue Rinde färbt sich mit der Zeit schwarz und löst sich in Platten. Ihre dicht stehenden Nadeln bilden sich paarweise und überdauern vier bis fünf Jahre. Alle zwei Jahre bilden sich große, eiförmige, hellbraun glänzende Zapfen. Sie haben nach außen gebogene Zapfenschuppen und keine Stiele. Ihr Holz ist sehr knotig.

Die **Schirmkiefer** (*Pinus pinea*) wird wegen ihrer essbaren Kerne manchmal auch **Nusskiefer** genannt. Sie war schon bei den

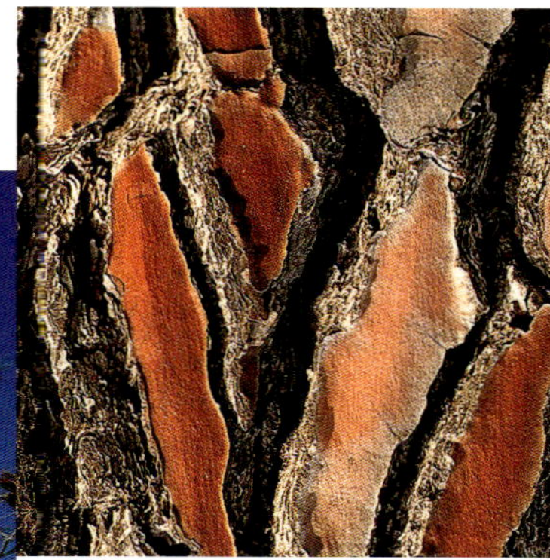

Seestrandkiefer

Aleppo-Kiefer

alten Römern beliebt. Ihre Krone wächst zunächst kugelförmig und breitet ihre Äste später wie einen Sonnenschirm aus. Der etwas gedrungen und gebeugt wirkende Baum wird 30 Meter hoch und 250 Jahre alt. Er ist robust und bevorzugt kalkhaltige Böden, Sonnenlicht und Wärme. Die rissige, rotbraune Rinde bildet tiefe Furchen. Die langen, biegsamen, blau-grünen Nadeln wachsen jeweils zu zweit oder zu dritt und haben eine glatte und eine abgerundete Seite. Sie bleiben drei bis vier Jahre am Baum. Nach drei Jahren reifen die kugelartigen, großen, rotbraun glänzenden Zapfen, die breite und gewölbte Schuppen haben. An jeder Schuppe sitzen zwei dicke Samen, deren Schale die mandelförmigen, essbaren Pinienkerne umhüllt.

Die **Aleppo-Kiefer** (*Pinus halepensis*) trägt ihren Namen, weil man irrtümlicherweise glaubte, diese Kiefer stamme aus der syrischen Stadt Aleppo, wo jedoch nur die sehr ähnliche Brutia-Kiefer (*Pinus brutia*) wuchs. Die Art verträgt Trockenheit, aber keine Kälte. Sie liebt kalkhaltige Böden, wächst sehr schnell und eignet sich gut, um nach Waldbränden Eichenbestände zu ersetzen. Sie wird nicht höher als 15 Meter und wirkt exzentrisch mit ihrer flachwüchsigen Krone, die sich in unregelmäßigen Büscheln auf einem schmächtigen, oft gewundenen Stamm bildet. Die glatte, silbrig-graue Rinde verfärbt sich mit der Zeit zu einem rötlichen Braun und blättert in feinen Schuppen. Ihre langen, sehr feinen, blass-graugrünen Nadeln wachsen paarweise. Sie erneuern sich alle zwei Jahre. Ihre braun glänzenden, kegelförmigen Zapfen reifen alle zwei Jahre. Sie haben flach anliegende Schuppen und hängen gekrümmt nach unten.

Die **Zirbelkiefer** (*Pinus cembra*), auch **Zirbe** oder **Arve** genannt, ist die einzige einheimische fünfnadelige Kiefernart. Sie wächst langsam und ist außerordentlich robust, was ihr ermöglicht, Jahrtausende zu überdauern. Ihre niedrigen, ausgestreckten Äste verleihen ihr eine kegelförmige Gestalt, die oft mehrere Kronen entwickelt. Mit zunehmendem Alter löst sich ihre gräuliche Rinde vom Stamm. Ihre feinen, grün-glänzenden Nadeln schimmern von unten bläulich und bilden sich zu fünft in Büscheln. Erst nach mehreren Jahrzehnten bilden sich ihre eiförmigen, braunvioletten Zapfen mit ihren dreieckigen, an der Spitze abgerundeten Schuppen. Sie fallen geschlossen zu Boden und geben die Samen frei, wenn sie sich zersetzen. Die Arve wird oft in Gebirgen gepflanzt, um die Lawinengefahr zu verringern.

Waldkiefer

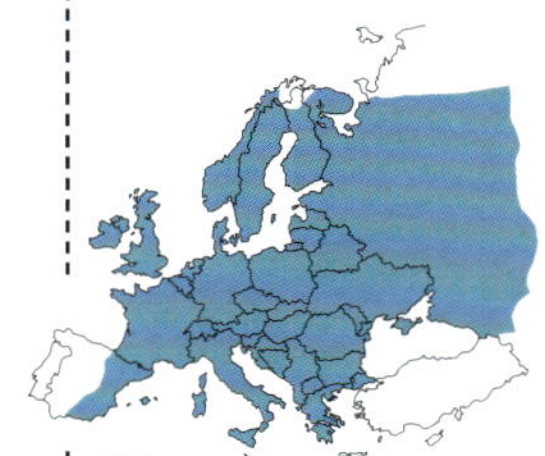

Höhe
30 bis 40 m
Lebensdauer
200 Jahre im Gebirge und 100 Jahre auf dem flachen Land
Natürliches Vorkommen
Gebirge und Flachland mit mineralarmen Böden
Blütezeit
Mai bis Juni
Bezeichnung der Früchte
Zapfen
Verwendung
Tischlereien, Furniere, Sperrholz, Spanplatten, Papierherstellung, früher auch als Schiffsmasten
Immergrün

Lärche

Familie der Pinaceae, Gattung *Larix*

Nadelbäume sind so genügsam wie Kamele, so unbeugsam wie das Gesetz und gekrümmter als Gichtkranke. Die Lärche bezaubert von allen am meisten. Der sibirische Volksglaube machte die Lärche zum Weltenbaum, über dem der goldene Vogel der Sonne und der silberne Vogel des Mondes ihre Kreise flogen. Wie ein fröhlicher Bergwanderer liebt die Lärche viel Licht und frische Luft.

Plinius berichtet in seiner „Naturgeschichte", der dritte römische Kaiser Tiberius habe Lärchen aus der Provinz Rätien kommen lassen, um eine abgebrannte Brücke wieder aufbauen zu lassen, die in den künstlichen See führte, in dem Seeschlachten gezeigt wurden. Des Weiteren schrieb er, auf dieser Brücke habe der Kaiser den über 30 Meter langen Stamm eines dieser Bäume als Kuriosität ausstellen lassen. Das römische Volk war davon überzeugt, es handele sich um den höchsten Baum der Welt.

Von allen europäischen Nadelbaumarten gilt das rötliche Holz der Lärche als das härteste und widerstandsfähigste. Man holte das unverwüstliche Holz aus den Gebirgen, um es als Baumaterial für Schiffe, Dächer und Dachschindeln, Telegraphenmasten und Eisenbahnschwellen zu verwenden und machte sogar Fässer daraus. Zahlreiche Berghütten wurden aus Lärchenholz gebaut. Es enthält zwar soviel Harz, dass es kaum von Holzwürmern befallen wird, brennt aber leicht.

Früher zapfte man den Stamm an, um ihr Harz zu gewinnen, das zu dem berühmten Venezianischen Terpentin verarbeitet wurde, einem Heilmittel gegen Gelenkschmerzen, Rheuma und Hexenschuss. Im vergangenen Jahrhundert soll in Tirol eine Lärche zu bluten begonnen haben, als man sie anschnitt. Sicher wollte dieser sagenhafte Baum durch seine Wunden auf sich aufmerksam machen. Die Rinde der Lärche wurde als brauner Farb- oder Gerbstoff verwendet.

Im Sommer bedeckten sich ihre Blätter mit einer süßen Substanz, die als „Manna von Briançon" als abführendes Heilmittel bekannt wurde. Daraus gewann man zudem ein relativ geschmackloses, zuckerartiges Pulver in kristalliner Form. Man schrieb diesem Produkt ähnliche Eigenschaften zu wie dem Rohrzucker.

Die lateinische Bezeichnung der Lärche „Larix" soll aus der Sprache der keltischen Ureinwohner der Alpen abgeleitet worden sein, wo die Lärche auch im Mittelalter bereits häufig in der Nähe der Häuser wuchs. Im Althochdeutschen wurde „Larix" zu „Lahira". Dies wiederum hat so manchen an die Laren erinnert, die guten römischen Hausgeister. Doch ob wirklich ein Zusammenhang zwischen ihnen und der Lärche besteht, wird wohl ein Geheimnis bleiben. Sicher ist jedenfalls, dass die Bauern in Tirol sich viele Sagen erzählten, in denen die Lärche eine Rolle spielte. Sie galt u. a. als Wohnsitz guter Waldgeister, die Mütter und Kinder beschützten.

Naturheilkundler gewannen aus einem Hutpilz auf der Lärche ein weißes Pulver, das die Schweißausbrüche Schwindsüchtiger zu lindern vermochte.

Höhe
30 bis 35 m
Lebensdauer
Bis zu 500 Jahren
Natürliches Vorkommen
Subalpine Stufe (1200 bis 1400 m)
Blütezeit
April bis Mai
Bezeichnung der Früchte
Zapfen
Verwendung
Dachstühle, Masten, Furniere, medizinisch wirksamer Harz (Venezianisches Terpentin)
Sommergrün

Lärchen gehören zur Ordnung der Koniferen. Ihr botanischer Gattungsname ist *Larix*. Er bezeichnet um die 50 Arten weltweit.

Die **Europäische Lärche** (*Larix europea*) ist in unseren Breiten am weitesten verbreitet. Ursprünglich stammt sie aus den Alpen, wurde aber inzwischen großräumig in Mittelgebirgen und Ebenen aufgeforstet. Die Lärche ist der einzige Nadelbaum, der seine Nadeln im Herbst verliert. Die ebenfalls sommergrüne Sumpfzypresse gehört zwar zur selben Ordnung, aber zu einer anderen Familie. Ein aufrechter Stamm, ein breiter Wuchs, eine pyramidenförmige Krone und ein dünnes Nadelkleid charakterisieren die durchsetzungsfähige Europäische Lärche, die sich schnell auf Lichtungen sowie auf Geröll ansiedelt. An den Boden stellt sie keine hohen Ansprüche, verträgt aber keine Feuchtigkeit. Die graue Rinde junger Bäume färbt sich mit der Zeit rotbraun und bildet tiefe Furchen. Bei alten Bäumen wird sie besonders dick. Ihre dünnen, weichen, hellgrünen Nadeln wirft sie im Herbst ab; zuvor werden sie gelb. An jungen Trieben wachsen sie einzeln, an Langtrieben bilden sie Rosetten. Die männlichen gelb-grünlichen Blüten sind kugelförmig und zeigen nach unten, die karminroten weiblichen sind eiförmig und bilden sich auf den Rosetten. Die kleinen hellbraunen Zapfen mit ihren wenigen, schmalen Schuppen bleiben mehrere Jahre am Baum.

Atlaszeder

Zeder

Familie der Pinaceae, Gattung *Cedrus*

Wie Könige zwischen ihren Höflingen verstecken sich in ländlichen Gegenden kleine Schlösser hinter Zäunen oder Mauern, die von langen Reihen großer Bäume gesäumt sind. Das noble Grün der Zeder beeindruckt darunter am meisten. In der Krone dieses biblischen Baums bilden die Wolken manchmal einen Bogen wie am Berg Ararat. Von Zeit zu Zeit scheint von ihr ein Patriarch mit Bart und Robe hinabzusteigen wie über die Stufen einer Kirche.

Bereits die Sumerer verehrten diesen Urahn der heiligen Bäume. Er gedeiht seit mehreren zehn Millionen Jahren in Europa und breitet sein Astwerk oberhalb der Eichen aus. Die Eiszeiten verdrängten die Zeder an die Küsten des Mittelmeers und erst im 17. Jahrhundert gelangte sie mit Schiffen der britischen Marine nach Großbritannien.

Mit so mancher 3000-jährigen Zeder aus dem Libanon können sich die Zedern in Europa allerdings nicht messen. Im Libanon erstreckten sich einst riesige Zedernhaine. Die Zeder wurde wirtschaftlich so sehr genutzt, dass nur noch einige gefährdete Bestände in abgelegenen Gegenden überlebt haben. Sie diente als Bauholz für die phönizische und ägyptische Flotte und für die Häuser der regionalen Bevölkerung.

Nebukadnezar und Assurbanipal verwendeten sie als Balken zum Bau ihrer Heiligtümer. Salomon erbaute den Tempel von Jerusalem aus Zedernholz: „Alles war aus Zedernholz, man sah keinen einzigen Stein." Der Thronsaal und das Haus der Pharaonentochter, seiner Gemahlin, waren vom Boden bis zur Decke mit Zedernholz verkleidet. Man nannte diese Privaträume „das Haus des Libanonwaldes", weil vier Säulenreihen aus Zederstämmen die Dachbalken aus Zedernholz stützten. Und wie könnte man die Liebeserklärung aus dem Hohelied des Salomon vergessen: „Schön bist du, mein Geliebter, verlockend. Frisches Grün ist unser Lager, Zedern sind die Balken unseres Hauses, Zypressen die Wände."

Das altgriechische „kedros", von dem sich das lateinische „cedrus" ableitete, bedeutete gleichzeitig Zeder

und Wacholder. Die Gelehrten diskutieren bis heute über die Übersetzungen der alten Texte, weil die Menschen der Antike Zedern als Wacholder bezeichneten.

Ihrer majestätischen Erscheinung, ihrer Langlebigkeit sowie dem Duft und der Haltbarkeit ihres Holzes verdankt die Zeder ihre symbolische Bedeutung. Sie repräsentiert Größe und Unsterblichkeit. In der Antike verarbeitete man ihr Holz für Särge, zu Sarkophagen, Fackeln und Heiligenstatuen. Die weit gereisten Kelten balsamierten mit Zedernharz die Köpfe ihrer Feinde von nobler Herkunft ein. Die Ägypter füllten ihre Mumien mit Sägemehl aus Zedernholz. Der Kirchenvater Klemens von Alexandrien verglich ihre Wirkung im 2. Jahrhundert mit einer Art Antiseptikum und behauptete, ihr Holz verhindere die Verderbnis der Seele.

Seine ruhmreiche Vergangenheit als Säulen und als Wandverkleidung der Mächtigen machte das Zedernholz auch zum Gegenstand schlichten Aberglaubens. Die Menschen packten es in ihre Koffer und Taschen und glaubten, es locke das Geld an. Dem Libanon jedenfalls brachte die sinnbildliche Bedeutung der Zeder zu keiner Zeit Glück, sondern eher Krieg und Gier. Die Zeder ist dort heute vom Aussterben bedroht und wird als Nachfolgerin ihrer 1000-jährigen Vorfahren wieder angepflanzt. Diese sind nach den kalifornischen Kiefern die ältesten Bäume der Welt.

Atlaszeder

Höhe
30 bis 40 m
Lebensdauer
300 Jahre
Natürliches Vorkommen
Gebirge, vor allem im Mittelmeergebiet
Blütezeit
September
Bezeichnung der Früchte
Zapfen
Verwendung
Dachstühle, Pfähle, Tischlerei- und Intarsienarbeiten, Schiffsbau, Schwellen, Verzierungen
Immergrün

Die Gattung *Cedrus* gehört zur Familie der Kieferngewächse (*Pinaceae*). Es gibt nur vier Zedernarten. Davon sind zwei in Europa verbreitet, die Libanonzeder (*Cedrus libani*) und die Atlaszeder (*Cedrus atlantica*).

Die **Libanonzeder**, die heute in nennenswertem Bestand noch in Syrien und in der Türkei vorkommt, wurde bis Mitte des 19. Jahrhunderts auch gerne in Parks angepflanzt. Dies erlaubt uns heute, so manch bewunderungswürdiges Exemplar zu entdecken. Sie bevorzugt flache, nährstoffarme Böden und ist kälteempfindlich. Sie wird sehr alt und entwickelt mit der Zeit eine riesige, flache Krone mit langen Ästen. Sie erreicht eine Höhe von 40 Metern. Ihre dunkelgraue Rinde wird rissig. Die dunkelgrünen Nadeln bilden sich als Rosetten. Der Baum blüht im Herbst und entwickelt dann rosafarbene, zylinderförmige, männliche Kätzchen, die reichlich Pollen freigeben, den der Wind verbreitet. Die kleinen graugrünen, weiblichen Blüten sind eiförmige Zapfen, die sich rot färben, wenn sie zur Befruchtung bereit sind. Die glatten, braun-violetten Früchte haben eng anliegende Schuppen, sind an der Spitze etwas eingedrückt und reifen alle zwei Jahre.

Die **Atlaszeder** stammt aus Nordafrika. Sie unterscheidet sich nicht sehr von der Libanonzeder und ist daher nur schwer zu erkennen. Im 19. Jahrhundert wurde sie in Europa bekannter, wo sie vorwiegend im Mittelmeerraum zur Wiederaufforstung verwendet wurde. Die Art vermehrt sich leicht und ersetzte deshalb häufig in Parks die Libanonzeder. Sie ist von schlankerem Wuchs, ihre Krone ist weniger dicht verzweigt aber genauso hoch. Ihre flache Tischform bildet sie erst später. Die Rinde wird schuppig und dunkelgrau. Ihre blaugrünen Nadeln sind kürzer und weniger spitz. Die männlichen und weiblichen Blüten stehen aufrecht. Die eiförmigen Zapfen sehen genauso aus wie die der Libanonzeder, sind aber kleiner.

Zypresse

Familie der Cupressaceae, Gattung *Cupressus*

Die Zypresse ist eine der grauen Vorzeit entflohene Dinosaurierart. Sie hat weder Blätter noch Nadeln, sondern ist wie ein Reptil mit Schuppen bedeckt.

Vor einigen Jahrtausenden entstanden die ersten Legenden über diesen Baum, der bereits Millionen Jahre Erdgeschichte geprägt hatte. Die Menschen, die schon damals glaubten, seit langem und für ewig auf der Welt zu sein, obwohl es die Bäume waren, die zuvor das Land erobert hatten, verliehen der Zypresse in ihren kleinen Erzählungen die Rolle des Friedhofswärters. Wer wäre auch besser geeignet gewesen, an den Ruhestätten der Toten die Ewigkeit zu beschwören?

Plinius zufolge kamen die Zypressen aus Asien, bevor man sie in Tarent anpflanzte. Nach Asien hatten die Eiszeiten ganze Baumpopulationen verbannt. Die Griechen bezeichneten sie als Baum des Kyparissios von Keos. Dieser schöne Jüngling tötete einen zahmen Hirsch, den er wie einen Bruder geliebt hatte. Apollon war daraufhin untröstlich vor Schmerz und verwandelte ihn in eine Zypresse. Dasselbe Schicksal widerfuhr den Töchtern des Eteokles, dem verfluchten Sohn des Ödipus. Sein Bruder und er töteten sich gegenseitig im Kampf um den Thron von Theben. Blind vor Kummer fielen die jungen Frauen in einen Teich, aus dem ihre Mutter, eine Göttin, sie zog und sie danach in Zypressen verwandelte. Fortan galten diese Bäume als Symbol für Leid und Trauer.

Die Zypresse wurde Hades, dem Herrscher der Unterwelt, gewidmet. Ihre Zweige spielten in Begräbniszeremonien eine Rolle. Ihrer dunklen, immergrünen Belaubung und ihrem haltbaren Holz verdankt sie die Assoziation mit der Unsterblichkeit. Die Chinesen waren pragmatischer und kauten ihre Samen, wovon sie sich ein längeres Leben versprachen.

Wer viele Nachkommen zeugt, kommt dem Wunsch nach ewigem Leben etwas näher. Und die Zypresse, so traurig, aber auch so streng aufwärts gerichtet, wurde als Phallus interpretiert. So symbolisierte sie sowohl die Leiden als auch die Freuden der Liebe. Und ebenso ihre süßen Wunden, denn Eros schnitt seinen Pfeil aus ihren Zweigen. Ein aus Zypressenholz geschnitzter Phallus schützte Beete und Felder, Saatgut und Weinstöcke vor Dieben und Ungeziefer. Aus Zypressenholz soll das Zepter des Zeus gewesen sein und auch die Keule des Herakles halten manche eher für Zypresse als für Eiche. Neben der Libanonzeder wurde es im Tempel von Jerusalem verwendet. „Also, lieferte Hiram Salomon so viel Zedern- und Zypressenholz, wie er haben wollte", heißt es im Buch der Könige.

Da das Holz der Zypresse nicht verfaulte, baute man daraus Särge für berühmte Tote, für Herrscher und Helden. In modernen Zeiten nutzte man es für die Sarkophage der Päpste. Der Apologet und Theologe Origines machte den Duft der Zypressen zum Symbol christlicher Tugenden, zum Geruch der Heiligkeit. Da sie keine Blätter hat, gibt es keine Heiltees aus dieser wohlriechenden Pflanze. Dennoch sagt man ihr heilsame Wirkungen nach. Schon die Mesopotamier verwendeten ihre Zapfen, um bei Hämorrhoiden Linderung zu erwirken.

Höhe
20 bis 30 m
Lebensdauer
250 Jahre
Natürliches Vorkommen
Kalkhaltige Standorte im Mittelmeergebiet
Blütezeit
Ende des Winters bis April
Bezeichnung der Früchte
Zapfen
Verwendung
Als Zierpflanze (z.B. auf Friedhöfen), als Windschutz, in der Medizin als adstringierendes und schweißtreibendes Mittel, zum Schnitzen kleiner Gegenstände
Immergrün

Zypressen gehören wie Thuja (Lebensbaum) und Wacholder zur Familie der Zypressengewächse (*Cupressaceae*). Zur Gattung *Cupressus* zählen etwa zwölf Arten.

Die **immergrüne Zypresse** (*Cupressus sempervirens*), auch **Provenzalische**, **Italienische** oder **Mittelmeer-Zypresse** genannt, ist ein typisches Element südländischer Landschaften und dient bis heute als Windschutz. Sie ist sehr robust, aber frostempfindlich. Ihre verbreitete Säulenform geht auf eine Selektion zurück. Es gibt auch Exemplare mit breitwüchsiger Krone. Die glatte, gräuliche und dunkle Rinde bekommt längliche Risse. Ihre dunkelgrünen, schuppenförmigen und kreuzgegenständigen Blätter überlappen sich. Die Zypresse ist einhäusig: Sie hat winzige, gelbliche, männliche und kugelförmige, weibliche Kätzchen. Die Zapfen sind grau bis braun und schuppig. Sie reifen alle zwei Jahre.

Wacholder

Familie der Cupressaceae, Gattung *Juniperus*

Wie der Kleine Däumling streut der Wacholder seine Beeren ins Sauerkraut. Damit man sich ein wenig an ihn erinnert. Und damit der Gourmet, der das Sauerkraut und die Wurst kaut, wieder auf die richtige Bahn kommt, wenn er auf die bittere Frucht beißt.

Schon zwei Jahrhunderte vor Christi Geburt lobte der Zensor Caton in einer landwirtschaftlichen Abhandlung den Wacholderwein und seine harntreibende Wirkung. Dieses gesunde Getränk überdauerte die Jahrhunderte in der Wärme rauer Schweinsblasen. Vor nicht allzu langer Zeit fügte man vor dem Abfüllen in Fässer einen Becher voll Absinth hinzu.

Die anregende Wirkung der Beeren weckt die Kräfte der Verdauung. Deshalb verlieh der Wacholder den schweren Eintöpfen und Sauerkrautgerichten die magenaufräumende Wirkung und den Salzlaken und Marinaden ihre rustikale Würze. Gebratenen Drosseln gaben sie das besondere Aroma, denn gute Köche garnierten die Unterseite ihrer Flügel mit Wacholder. Selbst Amateure töteten Drosseln und Amseln niemals vor Ende November, denn diese Vögel düngten die Felder, sorgten für den milden Geschmack der Weine und ihr Fleisch nahm den Geschmack von Wacholder an.

Alexandre Dumas, der kein Kostverächter war, fasste die wohltätigen Eigenschaften der Wacholderbeere zusammen, die „den Geist wachhält, die Sicht schärft, die Atemwege reinigt, Blähungen vertreibt und die Verdauung erleichtert …" Ihr pikant-bitterer Geschmack, der an Terpentin erinnert, gibt den aus Getreide gebrannten und in den Ländern des Nordens besonders geschätzten Schnäpsen ihr scharfes Aroma. Der *Genever* leitet seinen Namen von dem des Wacholders ab und verdankt seinen Geschmack dessen ätherischen Ölen. Um ein kurioses Detail könnte ihn der Spargel beneiden: Er verleiht dem Urin einen Veilchengeruch.

Auf Griechisch heißt Wacholder „Arkenthos". Das bedeutet „sich fern halten", „vermeiden". Weder Mensch noch Tier berührte oder streifte ihn freiwillig. Nichts hinderte seine Stacheln daran, immer wieder nachzuwachsen, nicht einmal Krankheiten, unheilvolle Einflüsse, Verunreinigungen, Zauberer oder gar Diebe. Der reinigende Rauch aus seinen Flammen besiegte Pestepidemien und die Menschen hingen Wacholderzweige in ihren Häusern auf. Durch das Destillieren von Wacholderholz gewann man Wacholderteer, *Oleum cadium*, der gegen Geschwüre und Hautkrankheiten verwendet wurde. Zwanzig Tropfen, um den Bauchnabel herum gerieben, galten als hervorragendes Mittel gegen Wurmbefall. Tierärzte behandelten damit Krätze bei Schafen.

Die Römer nannten den Stinkwacholder *Juniperus sabina*, weil er im Land der Sabinen, einem Nachbarvolk, wuchs. Lange Zeit gewann man aus dieser giftigen Pflanze ein ätherisches Öl mit einem Wirkstoff namens „Sabinen". Es rief Gebärmutterkrämpfe und Menstruationsblutungen hervor und war ein wirksames Abtreibungsmittel. In abergläubischen alten Zeiten galt Wacholder als Schutz vor bösem Zauber.

Gemeiner Wacholder

Gemeiner Wacholder

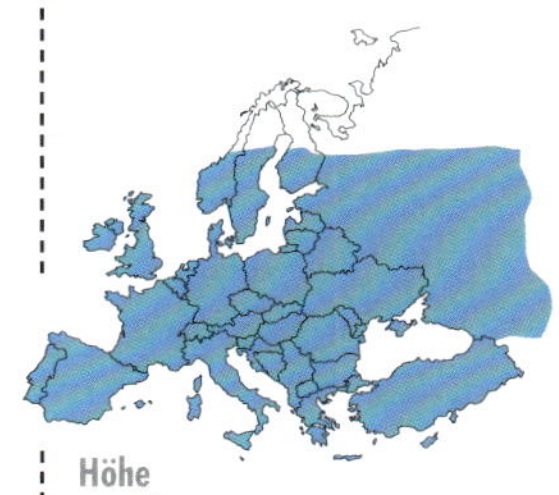

Höhe
4 bis 10 m
Lebensdauer
500 Jahre
Natürliches Vorkommen
Brachland, Heidelandschaften, als Pionierpflanze auf unwirtlichen Böden
Blütezeit
April bis Mai
Bezeichnung der Früchte
Beeren
Verwendung
Als Likör und Gin, in der Küche, in der Medizin (als Tonikum und magenberuhigendes sowie schweißtreibendes Mittel), als Riechholz, für Kunstmöbel und Skulpturen
Immergrün

Wacholder gehört zur Gattung *Juniperus*. Mit anderen Koniferen wie Zypresse und Thuja (Lebensbaum) zählt er zur Familie der Zypressengewächse (*Cupressaceae*).

Der **Gemeine Wacholder** (*Juniperus communis*) ist eine in der ganzen Welt verbreitete und bekannte Art. Er ist sehr robust und verträgt Frost, bevorzugt aber dennoch Licht und Wärme. Er kann als säulenförmiger Strauch oder buschig wachsen und unter guten Umweltbedingungen zu einem 10 Meter hohen Baum heranwachsen. Seine zahlreichen Zweige tragen stachelspitzige, schmale Nadeln, die in dreizähligen Wirteln angeordnet sind. Die Art ist zweihäusig. Ihre weiblichen Blüten entwickeln sich zu Schuppen, die die kugeligen, schwarzblauen Zapfen bilden, die im Volksmund als Beeren bekannt sind und von Botanikern wissenschaftlich korrekt als Galbulus bezeichnet werden.

Eibe

Familie der Taxaceae, Gattung *Taxus*

Wie ein Bettler steht die Eibe wartend vor den Kirchentoren. Wie ein Mönch unter seiner Kapuze meditiert sie am Rand der Gräber. Allerdings wie einer, der unter seiner Kutte ein Fläschchen Gift verbirgt. Die Eibe ist ein brutaler Auftragsmörder, der sanft über die Toten wacht. In der griechischen Antike war sie Hekate, der Göttin der Unterwelt geweiht, die über die Geister regierte und deren Symbol die Sichel des Mondes war. Wenn die Römer dieser Göttin Opfer darbrachten, schmückten sie schwarze Stiere mit ihren Eibenzweigen. Sie glaubten, dass die Geister der Hölle das vergossene Blut so besser trinken konnten. Die Eibe war der Baum der Tartaren, und ihr Holz brannte in den Lampen der Furien und spendete diesen Töchtern der Unterwelt, die Schlangen auf ihren Köpfen trugen und mit Dolchen bewaffnet waren, Licht für die Hinrichtungen, mit denen sie Verbrechen rächten.

Schon unsere Vorfahren entdeckten vor langer Zeit das Alkaloid Taxin, das in den Blättern und Samen der Eibe enthalten ist. Sie beobachteten, dass Tiere, insbesondere Pferde, daran starben. Dioskurides, ein Botanik-Gelehrter aus dem ersten Jahrhundert n. Chr., behauptete, der Schatten der Eibe von Narbonien sei so schädlich, dass er sogar den Tod verursachen könne. Und Culpeper schrieb im 17. Jahrhundert, Eibe in destillierter Form zerstöre die vitalen Funktionen des Nervensystems und zähle zu den stärksten Giften des gesamten Pflanzenreichs.

Als fördere all dies nicht zur Genüge ihren finsteren Ruf, stellte man aus dem giftigen Eibenholz auch Lanzen und Speere her sowie Armbrust, Pfeil und Bogen. Aus Eibenholz waren die tödlichen Pfeilregen, mit denen englische Bogenschützen zu Beginn des Hundertjährigen Krieges Crécy, Poitiers und Azincourt eroberten. Doch der Ruhm, den sie sich als allzu wirkungsvolle Waffe erworben hatte, wandte sich bald gegen sie. Die Eiben wurden allmählich knapp. So mussten die Herrscher, die dieses geschmeidige und widerstandsfähige Holz so sehr begehrten, das widerwillige Volk zum Anpflanzen des giftigen Baumes zwingen.

Doch sein zweifelhaftes Talent hatte auch seine guten Seiten. Man gewann einige medizinisch wirksame Substanzen aus der Eibe. Das Ende des 19. Jahrhunderts gewährte der Eibe Absolution. Forscher entdeckten in der Rinde der Eibe einen Stoff, der als Zellteilungsgift bei der Behandlung von Krebs wirksam ist und aus dem sie das synthetische Produkt Taxol herstellen konnten.

Dennoch verwendete man die Eibe auch schon früher in wohlwollender Absicht. Die Römer schwärmten schon vor den Prinzen unserer Zeiten für Säulen. In den Gärten der Renaissance und den Alleen von Le Nôtre erlebte sie als Skulptur ihre Blütezeit, die bald darauf im Zeitalter der Aufklärung wieder zu Ende war. Der Baum ist zu seinen Meditationen zurückgekehrt. Die tausendjährige Eibe wird auch weiterhin ein Symbol für ewig währende Versprechen sein.

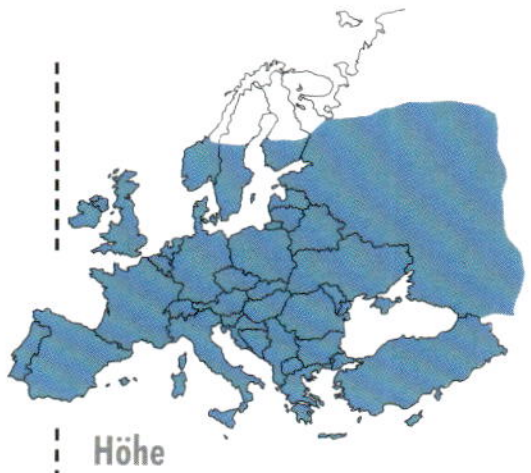

Höhe
15 bis 25 m
Lebensdauer
1000 Jahre
Natürliches Vorkommen
Vereinzelt und in Wäldern in Gesellschaft von Buchen und Linden
Blütezeit
Februar bis April
Bezeichnung der Früchte
Beeren mit Arillus (Samenmantel)
Verwendung
Für Intarsienarbeiten, in Kunsttischlereien, für Skulpturen, Drechslerarbeiten, Messinstrumente, früher für Pfeil und Bogen
Immergrün

Die Gattung *Taxus* umfasst acht Arten und gehört zur Familie der Eibengewächse (*Taxaceae*), die Botaniker in die Ordnung der Taxales eingliedern, um sie von den Coniferales zu unterscheiden.

Die **Gemeine Eibe** (*Taxus baccata*) ist die einzige einheimische Art. Das lateinische *Taxus* bezeichnete sowohl die Eibe als auch den Spieß oder die Lanze aus Eibenholz. *Bacatus* bedeutete „geschmückt mit Perlen", an die ihre Beeren erinnern. Ihre Krone ist sehr dicht, zum Gipfel hin wird das Geäst ausladender. Die Eibe wächst langsam und ist sehr langlebig – zahlreiche Exemplare sind über 1000 Jahre alt. Sie bevorzugt feuchte und steinige Standorte und reagiert empfindlich auf starke Kälte. Ihre glatte, rötlich-braune Rinde blättert. Die geschmeidigen, giftigen Nadeln sind spiralförmig um den Zweig angeordnet. Die Eibe ist zweihäusig. Ihre männlichen Zapfen sind gelb und kugelförmig, die weiblichen grünlich und klein. Der Samenmantel (Arillus) ihrer Beeren leuchtet tiefrot und weist oben eine Einbuchtung auf. Er enthält einen großen giftigen, braunen Kern, der glänzt, wenn er reif ist.

Silberweide

Weide

Familie der Salicaceae, Gattung *Salix*

Die Weide trinkt wie ein Loch. Ist es da noch erstaunlich, wie häufig sie ihre zahlreichen Tränen vergießt? Ein Familienerbe! Während manche Weiden all ihre Leiden unter einer triefenden Haarpracht verstecken, tragen andere einen Irokesenschnitt über dem breiten Kopf mit den verquollenen Augen. Eine sanfte und leichte Brise streicht tröstend durch ihre silbrigen Strähnen und bringt die von den belebenden Wassern trunkenen Bäume zum Singen. Sanfte, sensible Lieder, immer in den Wind

Der Botaniker Linné gab der Trauerweide den Namen *Salix babylonica*. Vielleicht erinnerte er sich dabei an den Psalm, in dem die Juden im Exil in Babylon unter Weiden weinten. Seit dem 19. Jahrhundert ist diese Weidenart die bekannteste. Wahrscheinlich trug dazu auch die Trauerweide bei, die man auf Sankt Helena auf das Grab Napoleons pflanzte. Auch die Romantiker mit ihren Ruinen und ihrem Sinn für das Traurige förderten den Ruf der Weide als Baum der Schwermut und Trauer.

Die Weiden beschäftigten die Fantasie der Menschen. Sie sahen die Kopfweiden, entwurzelt, die Verfolgung der Reisenden aufnehmen. Mit ihren Falten, ihren Knoten, ihren Löchern, ihren erhobenen Armen hat sie ebenfalls einen Symbolwert. Bindet man ihre Ruten nicht zu Besen? Da fehlte nur noch, dass der Hexenbesen durch den Schornstein ins Haus kommt …

In den Überlieferungen aus dem Altertum ist die Weide der Baum des Todes. Er war der alten Hekate gewidmet, der Göttin der Hexen und des Mondes, der Geliebten der Dämonen, die an der Seite von Persephone am Ufer des Styx saß. Zusammen mit der Schwarzpappel verdeckte die Weide den Eingang zur Hölle und sie wuchs auf dem Friedhof der Circe. Doch dank ihrer Beziehungen zum Mond und zum Wasser galt sie auch als Baum der Fruchtbarkeit.

Für die Chinesen hatte sie im übrigen eine erotische Bedeutung. Ihr Name bezeichnete die Taille der Frau, ihr „tiefer Schatten" das Haar und mit den „Blüten der Weide" waren die Kurtisanen gemeint. Plinius missbilligte in seinen Schriften den Überschwang solcher Metaphern. Seiner Ansicht nach schmälerten die Blätter der Weide die Genüsse der Liebe oder verhinderten sie sogar ganz. Im 18. Jahrhundert glaubte man, ihre Kätzchen ließen leidenschaftliche Frauen erkalten. Wahrscheinlich weil sie eine beruhigende Wirkung hatten. Weil sie im Wasser wuchs, stand sie als Mittel gegen rheumatische Beschwerden hoch im Kurs. Ebenso dienen sie als Antiseptikum und Wurmkur. Die Blüten indessen fanden aufgrund ihrer fiebersenkenden Wirkstoffe Verwendung. Die Rinde der Silberweide enthielt Salicin und war wesentlich günstiger als Chinarinde. So erlebte sie im vergangenen Jahrhundert vor der Entdeckung des Aspirins ihre Blütezeit.

Aus ihren Ruten entstanden die Weidenkörbe und das Handwerk der Korbflechterei. Und der Weide blieb die Kunst überlassen, immer wieder neue Zweige zu bilden.

Silberweide

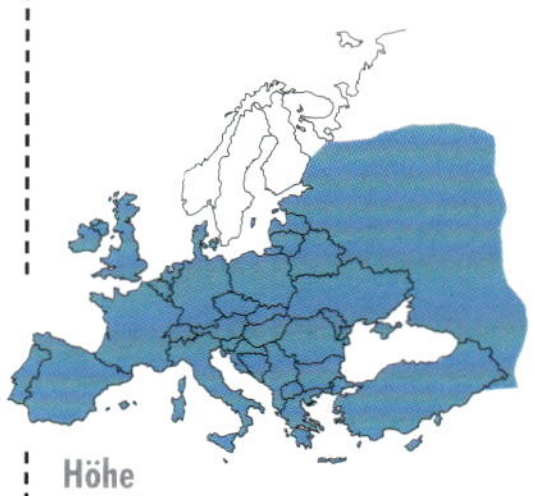

Höhe
5 bis 25 m
Lebensdauer
50 bis 60 Jahre
Natürliches Vorkommen
Am Ufer von Gewässern
Blütezeit
April bis Mai
Bezeichnung der Früchte
Kapseln
Verwendung
Als nektarhaltige Pflanze, in der Medizin (Salicylsäure), für Verpackungen und Kisten, früher in der Korbflechterei und für Skulpturen
Sommergrün

Diese Gattung mit etwa 300 Arten gehört zur Familie der Weidengewächse (*Salicaceae*). Ihre Früchte bilden Kapseln.
Die **Salweide** (*Salix caprea*) verträgt keinen Schatten. Ihre graugrüne Rinde ist längsrissig. Sie hat wechselständige, eiförmig bis länglich-elliptische, spitz zulaufende Blätter. Ihre männlichen Palmkätzchen sind goldgelb und duften.
Die **Silberweide** (*Salix alba*) ist häufig an Bachrändern und Flussufern anzutreffen. Sie hat eine tiefrissige Rinde. Ihre silbergrünen, wechselständigen, lanzettlichen, spitz zulaufenden Blätter sitzen an kurzen Blattstielen. Ihre schmalen männlichen Kätzchen schimmern golden, die weiblichen sind weiß und etwas breiter.
Der Name der **Bruchweide** (*Salix fragilis*) spielt auf ihre leicht abbrechenden Zweige an. Sie gedeiht an feuchten Standorten. Ihre Rinde ist rau, ihre gezähnten, hellgrünen Blätter haben eine samtige Unterseite. Die Blüten gleichen denen der Silberweide.
Die schnellwüchsige **Trauerweide** (*Salix babylonica*) fegt den Boden mit ihren hängenden Zweigen. Ihre dunkelgrünen, lanzettlichen und gezähnten Blätter mit graugrüner Unterseite sitzen an kurzen Blattstielen. Sie hat schmale, goldene Kätzchen.

Pyramidenpappel

Pappel

Familie der Salicaceae, Gattung *Populus*

Entlang der Kanäle, die am Horizont in den Himmel übergehen, erheben sich die Säulen der Pappeln wie Zeigefinger. Als unterhielten sie sich über die Absurdität der Tage. Oder als betonten sie die Monotonie der Ebenen. Wie Ausrufungszeichen einen Gemeinplatz. Ihre Blätter heben sich mit dem leisesten Hauch und der kleinsten Bewegung wie Vorhänge und stellen indiskret ihre kahlen Äste zur Schau.

Aber nicht alle Pappeln stehen aufrecht wie Kirchtürme, auch wenn ihre Blätter unaufhörlich wie Glocken läuten. Den vertikalen Wuchs überlassen sie ihren Verwandten aus Italien.

Manche Bäume tragen großartig klingende Namen. Die Pappel indessen hat einen sehr gewöhnlichen: „Populus". Im Lateinischen bedeutet dieses Wort „Volk". Ist die ständige Bewegung der Pappel als Metapher für immer währende Schlichtheit zu verstehen? Dieser Volksbaum hatte immerhin am Olymp als Opfergabe zu Ehren des Zeus eine Monopolstellung. Die Griechen widmeten ihn Herakles, der sich Pappelzweige umband, als er in die Unterwelt hinabstieg. Die Seite der Blätter, die seine Stirn berührten, blieb hell, während der Rauch die andere Seite verdunkelte. Seither symbolisieren die Blätter der Silberpappel (*Populus alba*) die Dualität des Seins. Nichts veranschaulicht diese Gegensätzlichkeit besser als die beiden Arten *Populus alba* und *Populus nigra*, Schwarzpappel. Beide Bäume werden mit dem Tod in Verbindung gebracht, der eine verdunkelt ihn, der andere erhellt ihn.

Die Symbolik vieler Legenden verlieh diesem Baum ebenfalls etwas Zwitterhaftes. In der Tat wurden viele Frauen in Pappeln verwandelt: die Heliaden, die ihren Bruder Phaeton betrauerten, eine Hesperide, die den Apfel des Paradieses verloren hatte, und Leuke, eine widerspenstige Nymphe, die von Hades bewundert wurde, der sie in sein Reich pflanzte.

Die Menschen der Antike sahen in der klebrigen Flüssigkeit der Knospen die Tränen der Heliaden. Die Wissenschaftler entdeckten, dass die Bienen diesen Nektar sammelten und daraus ihre Waben bauten. Die Apotheker gewannen aus dem schützenden Baum wirksame Medizin, die als harn- und schweißtreibendes Mittel angewendet wurde. „Unguentum populeum", die Salbe aus ihren Knospen, galt lange Zeit als Allheilmittel. Heute nutzt man nur noch ihre Holzkohle gegen Darmbeschwerden.

Ihr Holz ist für die Forstwirtschaft sehr profitabel, denn Pappeln produzieren Zellulose fast wie am Fließband. Ihre beste Zuchtauslese ist robust, gehorsam und ausschließlich damit beschäftigt, sehr schnell zu wachsen. Um Material für Streichhölzer, Obstkisten und Sperrholz für Verpackungen, Kisten und Paletten zu liefern, während die verwandte, aber nicht ganz so fleißige Weide nur für die Korbflechterei taugt.

Zeus erkannte die Seinen zwischen den Pappeln der Städte und den Pappeln vom Land. Unter all diesen Blättern, die rauschen und zittern, diesem trockenen Wogen, diesem kontinuierlichen Vibrieren, diesem untergehenden Flüstern. Diesem frischen Gemurmel der Brunnen. Wie ein Regenschauer klopfen die Pappeln an unsere Fenster, wenn ihre Samen auf die Reise gehen, als habe der Wind in einen Bottich voller Federn geblasen.

Schwarzpappel

Höhe
25 bis 30 m
Lebensdauer
100 bis 200 Jahre
Natürliches Vorkommen
Wälder in Feuchtgebieten und Uferzonen
Blütezeit
März bis April
Bezeichnung der Früchte
Kapseln
Verwendung
Holzkohle, Antiseptikum, Papierherstellung, Spanplatten, Verpackungen, Zierpflanze, früher Korbflechterei
Sommergrün

Pappeln

Pappelhain

Kätzchen der Silberpappel

Wie die Weiden gehören die Pappeln zu der sehr zahlreichen Familie der Weidengewächse (*Salicaceae*), in der sie die Gattung *Populus* bilden. Es sind zweihäusige Bäume, aus denen zahlreiche Hybriden gezüchtet wurden. Die folgenden vier Arten sind am weitesten verbreitet.

Die 15 bis 20 Meter hohe **Zitterpappel** oder **Espe** (*Populus tremula*) hat einen kahlen, zylinderförmigen Stamm, aus dem sich eine Krone mit zierlichen Ästen entwickelt. Diese Art liebt volles Sonnenlicht und siedelt sich schnell auf feuchten, kalkarmen Böden an. Sie wird bis zu 80 Jahre alt. Ihre zunächst glatte und blasse Rinde wird rissig. Ihre wechselständigen, ovalen Blätter haben gezackte Ränder und sind von oben grün und an der Unterseite etwas blasser. Sie hängen an einem sehr langen, dünnen und abgeflachten Blattstiel, wodurch sie sehr leicht in Bewegung geraten. Die männlichen Kätzchen sind hellrot. Die winzigen Samen mit einer dicken samtigen Oberfläche sind in eiförmige Kapseln eingehüllt.

Die **Silberpappel** (*Populus alba*) kann 30 Meter hoch und 300 Jahre alt werden. Ihren Namen verdankt sie der silbrigen Unterseite ihrer dunkelgrünen Blätter. Sie sind behaart und bilden zwei Gruppen. An den Kurztrieben wachsen kleinere, fast runde und an den Langtrieben dreieckig gelappte Blätter. Die dünnen weiblichen Kätzchen sind länger als die männlichen. Die Rinde der jungen Bäume ist fast weiß, später färbt sie sich dunkel und bekommt Risse.

Die **Schwarzpappel** (*Populus nigra*) ähnelt im Wuchs der Silberpappel, ist aber dichter verzweigt. Sie benötigt viel Wasser, bevorzugt durchlässige Böden und toleriert vorübergehende Überschwemmungen, aber keine Trockenheit. Ihre Rinde wird sehr schnell schwarz und bildet längliche Furchen. Ihre bartlosen, gezähnten Blätter haben feine Blattstiele und sind an den langen Trieben größer und dreieckiger, an den Kurztrieben rautenförmig. Die männlichen Blüten sind purpurfarben und geschmeidig, die weiblichen sind grüngelb und hart.

Die **Pyramidenpappel** (*Populus nigra* var. *italica*) ist eine in Italien durch Mutation entstandene Form der Schwarzpappel, die sehr beliebt war und sich schnell in Europa verbreitete. An ihrem spitzwinkeligen Wuchs und den bis zum Boden reichenden Ästen ist sie leicht zu erkennen. Sie wird 40 Meter hoch und genauso alt wie die anderen Arten. Alle vegetativ vermehrten Exemplare sind männliche Klone eines einzigen Baums.

Walnussbaum

Familie der Juglandaceae, Gattung *Juglans*

Krähen picken gerne die Walnüsse von den Bäumen. Wenn die Bauern früher eine fingen, hängten sie sie gut sichtbar an einem Bein auf, um ihre Artgenossen abzuschrecken. Die knotigen Äste des Walnussbaumes winden sich wie Riesenschlangen. Wie Vorzeichen des Bösen schütteln sich seine schwarzen Flügel im Herbstwind.

Solche Bilder verdeutlichen das gespaltene Wesen eines Baumes, der den Menschen nahrhafte Früchte schenkt, und dennoch einen unheilvollen Schatten wirft. Die Walnuss gehörte zu den Bäumen, die Tod und Vergänglichkeit symbolisierten. Im Altertum glaubte man, sie stehe mit den Göttern der Unterwelt in Verbindung. Sie galt als Versammlungsort der Hexen am Vortag des Hexensabbats. Ihr dichter, kalter Schatten wurde für schädlich gehalten und verursachte Kopfschmerzen. Ihre stark duftenden Blätter reizten die Nerven. Im Mittelalter standen ihre Nüsse sogar unter dem Verdacht, die menschliche Zunge zu lähmen. Wer drei Walnüsse nacheinander aß, wanderte in das Reich der Toten. Und wenn ihre Wurzeln in einen Stall eindrangen, starben die Tiere. Später entdeckte man, dass Wurzeln und Blätter des Walnussbaums eine giftige Substanz enthalten, die verhindern kann, dass sich in der unmittelbaren Umgebung andere Arten vermehren. Dies erklärt, warum dieser Baum zum Gegenstand des Aberglaubens wurde und häufig alleinstehend anzutreffen ist.

Jedenfalls brachte der Walnussbaum den Menschen auch viele Vorteile. Gegen die Bisse tollwütiger Hunde half laut Dioskurides eine Mischung aus Walnuss, Honig und Zwiebeln. Im 17. Jahrhundert wurden in Wasser gelöste grüne Walnüsse versprüht, um die Pest zu vertreiben.

Aus den Blättern gewinnt man bis heute medizinische Wirkstoffe. Sie haben anregende, entzündungshemmende, magenfreundliche und abführende Eigenschaften. Die Nussschalenbeize, die auch als wirkungsvoller Farbstoff und als Mittel gegen Würmer eingesetzt wird, erzielte einige Erfolge bei der Bekämpfung der Syphilis. In Wein eingelegte grüne Walnüsse ergeben einen hervorragenden Tischlikör.

In vielen Erzählungen verfügen Walnüsse über geheimnisvolle Fähigkeiten. Seit Plinius gelten sie bei traditionellen Hochzeitsfeierlichkeiten als Fruchtbarkeitssymbol. Man bewarf die frisch Vermählten mit Walnüssen. Ihre durch eine harte Schale so gut geschützten Kerne erinnerten in gewisser Weise an das Gehirn des Menschen und wurden ebenso mit dem Fötus im Mutterleib assoziiert.

Der in Asien heimische Walnussbaum wurde höchstwahrscheinlich von den Persern nach Europa gebracht, denn die Könige dieses Volkes waren große Eroberer. Die Griechen nannten ihre Früchte deshalb „königliche Nüsse“. Von diesem Adjektiv leitet sich ihre heutige wissenschaftliche Bezeichnung *Juglans regia* ab.

Ihr Holz gehört zu den wertvollen Edelholzarten. Es ist graubraun, schwarz gemasert, sehr fest, lässt sich wunderschön glatt polieren und ist deshalb für Furniere und bei Kunsttischlern begehrt.

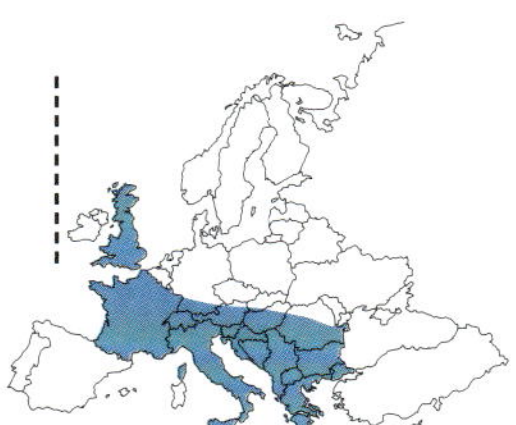

Höhe
10 bis 25 m
Lebensdauer
300 bis 400 Jahre
Natürliches Vorkommen
In Mischwäldern mit Eichen, Ahorn und Linden
Blütezeit
April bis Mai
Bezeichnung der Früchte
Walnüsse
Verwendung
Speisenüsse, Intarsienarbeiten, als Farbstoff: die grüne Außenschale der Nüsse enthält Tannine
Sommergrün

Die **Echte Walnuss** (*Juglans regia*) bildet eine rund gewachsene breite Krone. Der wärmeliebende Baum ist frostempfindlich und bevorzugt tiefe, durchlässige Böden und sonnige, einsame Standorte. Sein langsames Wachstum wird häufig durch Pilzkrankheiten an den Blättern (z. B. Anthraknose) gehemmt. Die grau-silbrige Rinde ist zunächst glatt und bekommt mit der Zeit tiefe Risse. Die wechselständigen, unpaarig gefiederten, dunkelgrünen Blätter bilden sich spät und duften aromatisch. Sie setzen sich aus fünf bis neun ovalen Fiedern zusammen. Die männlichen Kätzchen hängen von den Zweigen herunter. Die kugelförmigen und bartlosen weiblichen Blüten bilden sich einzeln oder in kleinen Gruppen. Die Walnuss besitzt eine weiche Hülle, die Fruchtwand. Die Nussschale besteht aus zwei Hälften. Der wohlschmeckende ölige Nusskern ist der Same.

Die **Schwarznuss** (*Juglans nigra*) verdankt ihren Namen ihrer dunklen Rinde. Im 17. Jahrhundert wurde sie aus Amerika nach England eingeführt. Sie ist größer und widerstandsfähiger als die Echte Walnuss und hat einen eleganten, dekorativen Wuchs. Sie wird wegen ihres hervorragenden Holzes gezüchtet.

Schwarzerle

Erle

Familie der Betulaceae, Gattung *Alnus*

Ein Reiter, vom Wind gepeitscht, durchquert die Nacht, seinen Sohn dicht an sich gedrückt: „Siehst Vater, du den Erlkönig nicht?“ – „Mein Sohn, das ist ein Nebelstreif.“ Dies sagt er mit leiser Stimme, bereit, dem Kind alles zu versprechen, damit es sich beruhigt. „Sei ruhig, bleibe ruhig mein Kind. In dürren Blättern säuselt der Wind“. Doch plötzlich greift der Erlkönig nach ihm. Vor Furcht zitternd, galoppiert der Vater davon. Das Kind stöhnt. Bald presst der Vater nur noch ein totes Kind an seine Brust.

Goethes Ballade vom Erlkönig ruft die Erlen vor unser inneres Auge. Wir sehen sie an sumpfigen Ufern, wo ihre Silhouette aus Nebelschwaden emporragt. Wen würden sie nicht beunruhigen? Der Erlkönig und seine Töchter geistern in den Wäldern herum, verhexen die Durchreisenden und tauchen immer wieder in alten Erzählungen aus dem tiefsten Germanien auf. In der Antike symbolisierte die Erle das Leben nach dem Tod. Vielleicht weil ihre Blätter grün bleiben und keinerlei Herbstfärbung zeigen, bis sie abfallen.

Selbst im Winter sehen Erlen nie nackt und grau aus: Sie behalten ihre Zapfen und ihre Zweige sind schon voller Blütenkätzchen. Und noch etwas erstaunt uns an ihnen: Ihr Holz blutet. Schneidet man die Rinde nur ein wenig ein, rötet sie sich wie eine Wunde. Auch dies gab Anlass zu zahlreichen Legenden. Darüber hinaus verwendete man sie zum Färben: Aus ihren Blütenständen gewann man Grün, aus der Rinde Rot, aus den Zweigen Braun, das von Hutmachern sehr geschätzt wurde.

Die wichtigste Eigenschaft der Erlen ist die Haltbarkeit ihres Holzes. Liegt es unter Wasser, wird es hart, wie versteinert. Vitruvius baute Ravenna auf Pfeilern aus Erlenholz und auch Venedig verdankt der Erle einen großen Teil seines Fundaments. Man verwendete es häufig als Baumaterial, wenn es um die Nutzung der Wasserkraft ging, und machte daraus zum Beispiel Mühlräder. Es kostete weniger als Pappelholz, und so verarbeitete man es auf dem Land zu Brettern, Pfählen, Leitersprossen und Futtertrögen.

Das Holz dieses in Feuchtgebieten beheimateten Baumes warf helle Flammen, wenn es im Ofen verbrannte und ließ den Herd schnell heiß werden. Seine Holzkohle, die als Kanonenpulver genutzt wurde, war sehr explosiv. Des Weiteren konnte man aus Erlenholz ausgezeichnete Flöten herstellen und schwor auf die Qualität seines Klanges.

Der englische Pflanzenkundler Nicholas Culpeper verschrieb im 17. Jahrhundert Rindenaufgüsse der Erle gegen Verbrennungen, Entzündungen und Halsschmerzen. In alten Zeiten steckten die Menschen sich Blätter unter ihre Fersen, um Schmerzen zu lindern.

Die **Schwarzerle** (*Alnus glutinosa*) braucht viel Licht und Wasser. Mit den Jahren verliert sie ihren charakteristischen pyramidenförmigen Wuchs. In Feuchtgebieten bildet ihr Stamm manchmal oberirdische Stelzwurzeln. Ihre ovalen, dunkelgrünen und wechselständigen Blätter sind außer an der Basis gezähnt, ihr Ende ist abgerundet oder spitz. Im Frühjahr sind die Blätter und Knospen klebrig, daher stammt die Bezeichnung „glutinosa“. Die langen männlichen Blütenkätzchen und die kleineren weiblichen hängen am selben Zweig. Die bräunlich-violetten Knospen sitzen an Blütenstielen. Die Früchte an langen Stängeln geben winzige Samenkörner frei. Sie haben eine luftgefüllte Kammer, die ihre Verbreitung in der Luft und im Wasser erleichtert.

Die **Grauerle** (*Alnus incana*) hat weißgraue Blätter. Sie ist kleiner, verzweigt sich dichter und wächst buschiger als die Schwarzerle. Sie wird nicht ganz so alt und verträgt weniger feuchte Standorte. Ihre bartlosen, spitzen Blätter sind doppelt gezähnt und an der Unterseite behaart. Ihre glatte, graue Rinde wird rissig und bekommt einen silbrigen Glanz. Schneidet man sie ein, rötet sich das Holz nicht.

Schwarzerle

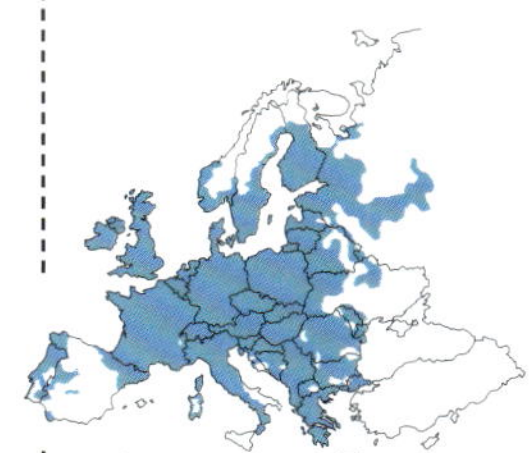

Höhe
20 bis 25 m
Lebensdauer
60 bis 100 Jahre
Natürliches Vorkommen
Feuchte Wälder
Blütezeit
März bis April
Bezeichnung der Früchte
Zapfen
Verwendung
Medizinische Wirkstoffe der Blätter (schweißtreibend, harntreibend und fiebersenkend), der Rinde (adstringent, fiebersenkend und stärkend), Holz: Papierherstellung, Spanplatten, Kunsttischlerei, Skulpturholz
Sommergrün

Birke

Familie der Betulaceae, Gattung *Betula*

Die Birke repräsentierte in Russland den Frühling und die weibliche Jugend: schlank, mit zierlichen Armen, leichtem Haar und weißer Haut. Der Baum des Hohen Nordens und der vereisten Ebenen, der Monate ohne Nächte und Tage ohne Licht überdauerte, symbolisierte für die Menschen in Sibirien die Achse der Welt. Im keltischen Kalender war die Birke der Baum der goldenen Mitte.

Plinius dachte, die Birke stamme aus Gallien. Dort fanden die Römer das Holz für ihre Reisigbündel. Bündel aus Birkenruten umgaben das Beil der römischen Liktoren, die im alten Rom hohe Beamte bewachten. Diese Bündel galten auch als gefürchtetes Symbol für die Amtsgewalt und Rechtsprechung des Magistrates. Mit Birkenruten verjagte man böse Geister und verwendete sie als Stöcke zur Selbstkasteiung. Lange Zeit peitschte man damit Verurteilte, Verrückte und Schüler aus. Doch wer hart bestraft, der liebt auch sehr. So sorgte die Birke zu jeder Zeit dafür, dass die Menschen sich wärmen, kleiden und pflegen konnten.

In Torfmooren fand man unversehrte Reste Jahrhunderte alter Birkenrinde. Die außergewöhnlich widerstandskräftige, wasserdichte und haltbare Rinde verarbeitete man wie Tierhaut zu Jacken und Gamaschen sowie zu Dachschindeln und Kanus. Birkenteer diente bereits seit der Frühzeit zum Verkitten von Werkzeuggriffen, Feuersteinspitzen und Gefäßen. Dem Juchtenleder, das auch als Russisch-Leder bekannt ist, verlieh es seinen charakteristischen Geruch. Man fettete es mit Juchtenöl aus Birkenteer ein, um es haltbar und wasserdicht zu machen.

Das fast weiße und harte Holz der Birke ließ sich gut verarbeiten. Man stellte daraus leichte Holzschuhe und Kisten her, Körbe, Spielzeug, alle erdenklichen Werkzeuge, Besen und Papier. Noch heute findet es manchmal als Sperrholz Verwendung oder liefert Kunsttischlern sogenannte Knorren. Es ist auch gutes Brennmaterial und bildet eine Flamme, die so hell ist wie die Seele. Seine Rinde leistet manchmal gute Dienste, weil sie auch in feuchtem Zustand brennt.

Moorbirken

Die geradezu leuchtende Birke, einst ein Bote des Todes, symbolisierte den Erzengel Gabriel. Man nannte sie „Baum der Niere" aufgrund ihrer Heilwirkung bei Blasen- und Nierensteinen. Man entdeckte die harntreibenden und fiebersenkenden Wirkstoffe der Birke und nutzte sie zur Mundreinigung und zur Heilung von Geschwüren. Alle ihre medizinischen Heilkräfte stammten aus dem „Wasser" beziehungsweise „Blut", das reichlich aus ihrem angebohrten Stamm floss. Aus Birkenwasser gewannen die Bewohner Nordeuropas süßen Saft, Zucker und prickelnden Wein.

Hängebirke

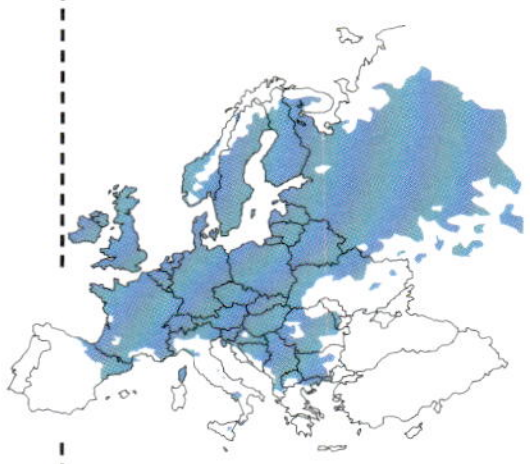

Höhe
20 bis 25 m
Lebensdauer
Etwa 100 Jahre
Natürliches Vorkommen
Vor allem in Wäldern, Lichtungen und Heidelandschaften
Blütezeit
April bis Mai
Bezeichnung der Früchte
Zapfen
Verwendung
Papierherstellung, Spanplatten, Brennholz, medizinische Wirkstoffe gegen Hautflechten und Rheuma, früher für Spinnradspulen und Besenstiele
Sommergrün

Moorbirken

Hängebirke

Die Familie der Birkengewächse (*Betulaceae*) aus der Ordnung Fagales umfasst sechs Gattungen und um die 100 Arten. Die Birke mit insgesamt etwa 40 Arten auf der nördlichen Erdhalbkugel gehört zur Gattung *Betula*. Ihre Vertreter sind allesamt elegante Bäume, gedeihen an Waldrändern oder ungeschützt auf den undankbarsten Böden. Sie sind die robustesten Laubbäume. Sie sind so frostresistent, dass sie sogar in Island und Grönland wachsen. Vorwiegend zwei Arten teilen sich Europa als Verbreitungsgebiet: Die Hängebirke (*Betula verrucosa*) und die Moorbirke (*Betula pubescens*).

Die **Hängebirke** oder **Warzenbirke** kommt am häufigsten vor. Sie erhielt ihren botanischen Namen, weil ihre jungen Zweige dicht mit weiß schimmernden Harzdrüsen besetzt sind. Manche nennen sie auch **Trauerbirke**, denn mit zunehmendem Alter hängen die biegsamen Enden ihrer Äste immer weiter zum Boden hinab. Ihre reichliche Belaubung bleibt leicht, weil die nach unten gerichteten Blätter nur das Licht filtern. Diese sind wechselständig, am Blattgrund abgerundet, an den Rändern gezähnt, länglich zugespitzt und nehmen eine kräftig-gelbe Herbstfärbung an. Ihre Blüten nennt man Kätzchen, weil sie ein wenig Ähnlichkeit mit dem Schwanz einer Katze haben. Die männlichen reifen im Herbst und hängen herunter. Die weiblichen bilden sich im Frühjahr und zeigen dann aufrecht nach oben. Ihre Früchte sind winzige, zylinderförmige Nüsschen. Man erkennt die Art leicht an ihrer silbrig-weißen Rinde, durchzogen von längsrissigen Furchen, die in dünnen Schichten abblättert.

Blattstiele und Triebe der **Moorbirke** sind behaart. Lange Zeit wurde sie mit einer Varietät der Hängebirke namens *Betula alba* verwechselt. Ihr Unterschied liegt eher in der Verbreitung als im Erscheinungsbild. Das der Moorbirke erstreckt sich weiter gen Norden bis nach Ost-Sibirien. Sie braucht weniger Licht und bevorzugt feuchtere Böden. Sie wächst langsamer und ist mit einer Höhe von 15 bis 20 Metern auch kleiner. Ihr Wuchs ist unregelmäßiger. Die Stiele und die Unterseite der grob gezähnten Blätter sind fein behaart. Ihre längeren Äste hängen nicht über. Ihre Rinde färbt sich grau bis gelblich.

Hainbuche

Familie der Corylaceae, Gattung *Carpinus*

Die Ausschlagkraft und das Durchsetzungsvermögen der Hainbuche hat heutzutage an Bedeutung verloren. Dabei nutzten schon die Germanen das nahezu unbezwingbare Wachstum dieses Baums, um Barrikaden zum Schutz vor Angreifern zu errichten. Da er sich so gut als lebendiger Wall oder als Hecke (Hag) eignet, zählt er zu den sogenannten Hagehölzern und ist auch unter dem Namen Hagebuche bekannt.

Nichts hindert diese kräftigen Bäume daran, ihre Kronen in die ihrer Waldnachbarn, der Eiche und der Buche, zu recken. Selbst durch Zurückschneiden lässt sich ihre erstaunliche Vitalität kaum vermindern. Ihr lateinischer Gattungsname *Carpinus* bedeutet wörtlich „Rupfen" und weist auf die Nutzung ihres hochwertigen Laubes als Futter hin.

Im Unterschied zu vielen anderen Bäumen ranken sich um die Hainbuche kaum Sagen und Legenden. Lediglich im Kalender der Kelten übernahm sie zwischen Buche und Feige die Rolle des Patenbaums für alle in der Zeit zwischen dem 2. und 11. Dezember und zwischen dem 4. und 13. Juni Geborenen. Das ist immerhin etwas!

Die Kelten pflanzten diese Baumart, die zu dichten undurchdringlichen Hecken heranwuchs, gern als Zäune und Einfriedungen an. Doch die braven Hainbuchen von heute lassen die Erinnerung daran völlig verblassen.

Dem gelblich-weißen Holz verdankt die Hainbuche auch den Namen Weißbuche. Es ist sehr hart und schwer. Wegen seines hornartigen Gefüges ließ es sich aber nicht leicht bearbeiten. Zum Drechseln und Polieren eignete es sich besser. Seine Härte machte es gegen Erschütterungen unempfindlich, und so war es für den Bau von Karren und Wagen optimal. Metzger verwendeten das harte Holz als Bretter oder Klötze unter ihrem Schlachtbeil, man verarbeitete es zu Werkzeugstielen, Holzhämmern, Kegeln und Billardstöcken.

Da es keine Feuchtigkeit verträgt, findet man das Holz der Hainbuche vorwiegend in Innenräumen, für Zimmermannsarbeiten war es hingegen nie zu gebrauchen. Dafür stand es ganz oben auf dem Speisezettel einiger holzfressender Käferarten. Und wegen seines hohen Brennwertes und seiner hochwertigen Holzkohle galt es als hervorragendes Holz zum Heizen. Seine Äste wuchsen schnell wieder nach. So lieferten Hainbuchen ergiebige Erträge, was die Köhler schätzten.

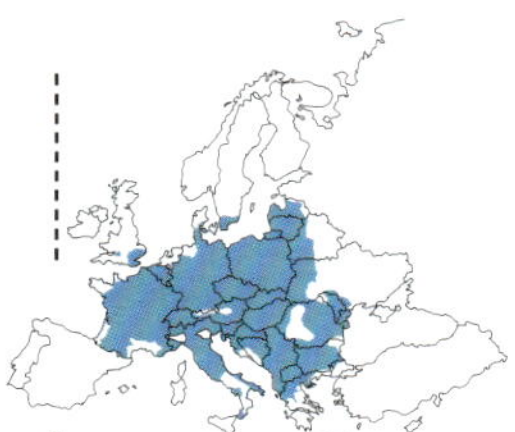

Höhe
10 bis 25 m
Lebensdauer
100 bis 150 Jahre
Natürliches Vorkommen
In Wäldern, Hecken und Höhenlagen
Blütezeit
April bis Mai
Bezeichnung der Früchte
Nussfrüchte mit Hochblatt in Trauben
Verwendung
Papierherstellung, Brennholz zum Heizen, Fässer, Schilder, Zierpflanze, früher Klötze für Schlachtbeile und Kegel
Sommergrün

Wie die Haselnuss gehört die Hainbuche zur Familie der Haselgewächse (*Corylaceae*). Die **Gemeine Hainbuche** (*Carpinus betulus*) ist ein Waldbaum, der Frost und Hitze toleriert. Sie bevorzugt nährstoffhaltige frische Böden, gibt sich aber auch mit kalkhaltigen Standorten zufrieden. Sie verträgt häufiges Zurückschneiden, wächst auch im Schatten und ihr Stamm treibt schnell und kräftig neu aus. Wenn ihre Zweige mit der Erde in Berührung kommen, bilden sie Wurzeln. All diese Eigenschaften machen sie zu einer optimalen Pflanze für dichte Hecken. Man erkennt sie leicht an ihren aufrechten Stamm, dessen Querschnitt nicht die Form eines Kreises, sondern die einer Sinuskurve aufweist. Ihre stets glatte Rinde ist grau wie Asche und durch hellere Flecken gezeichnet. Sie ähnelt der Rinde der Buche. Ihre wechselständigen, eiförmigen, spitz zulaufenden Blätter haben fein gesägte Blattränder und weisen durch ihre nicht verzweigten Blattadern eine typische Prägung auf. Im Herbst verfärben sie sich zuerst gelb, dann braun und bleiben den ganzen Winter über am Baum. Die männlichen zylinderförmigen Kätzchen hängen nach unten. Die kleineren weiblichen Blüten haben rote Fruchtknoten. Die Früchte wachsen in Trauben.

Haselnuss

Familie der Corylaceae, Gattung *Corylus*

Wenn Verliebte früher querfeldein oder in einen Wald gingen, sagte man dazu „Haselnüsse pflücken“. Welche Frucht, wenn nicht eine Haselnuss, öffnet sich wie ein kleines Herz, füllt wie ein sanftes Wort die hohle Hand und schmeckt wie ein schöner Augenblick?

Doch die Haselnuss, ähnlich wie die Intrigen der Liebe, verdaut sich nicht gut. Dies liegt nicht an ihrer harten Schale, sondern an ihrem außergewöhnlich nahrhaften, ölhaltigen Kern. Schon lange bevor es Energieriegel gab, führten die Menschen mit der Haselnuss in der Tasche eine kleine Vorratskammer mit sich.

Die Menschen des Altertums beklagten sich darüber, dass diese Früchte auf nüchternen Magen Kopfschmerzen verursachten und getrocknet zu Blähungen und Völlegefühlen führten. Glücklicherweise sorgte die schweißtreibende Wirkung der Kätzchen im Falle der zuletzt genannten Unannehmlichkeit für Abhilfe. Sie macht schlank. Was man allerdings von den vielen Leckereien, die Haselnüsse enthalten, nicht gerade behaupten kann.

Haselnüsse sind auch für ihre symbolischen Bedeutungen bekannt. Die Kelten sahen in ihnen die Früchte der Weisheit. Wer sie aß, erlangte Zugang zum Wissen um die geheimen Wissenschaften und Künste. Wie anderen Nüsse spielten sie bei Hochzeitszeremonien als Fruchtbarkeitssymbole eine Rolle. „Nüsse knacken“ wurde zu einer Metapher für den Liebesakt.

Die keltische Tradition setzte den Haselnussbaum auf ihren Kalender und verlieh ihm magische Kräfte. Sein Holz diente den Druiden als Zauberstäbe bei ihren Hellsehereien. Und seine Zweige wurden zu den Werkzeugen auf der Suche nach Wasser und unterirdischen Schätzen. Zauberer und Wünschelrutengänger führen bis heute ihre gegabelten Zweige vor sich her. Wegen ihrer schöpferischen und esoterischen Fähigkeiten verglich man sie mit den Füßen des Teufels.

Unter seinem botanischen Namen kennt kaum jemand den Haselnussbaum. Die lateinische Bezeichnung *Corylus* stammt aus dem Griechischen und leitet sich von dem Wort „Korus“ ab, das Hut bedeutet und auf die helmartige Fruchthülle der Haselnuss verweist. Sie erinnerte wahrscheinlich an das frisierte Büschel eines korinthischen Helmes. Die Römer nannten die Haselnuss „Abellana“, weil der gleichnamige Weiler in Kampanien für ihren Anbau berühmt war. Im Italienischen wurde daraus zunächst „Avellino“ und dann „avelines“, was „große Nüsse“ heißt.

Haselnüsse stehen oft zahlreich versammelt in Hecken, am Saum der Wälder und an Wegesrändern. Der Winter schmückt ihre Zweige mit Armbändern in überwältigender Fülle. Sie blühen, die Füße von welken Blättern bedeckt. Wer erinnert sich nicht an den Wind und Regen im Herbst? Fröstelnd fallen die Nüsse vom Baum, aneinander geklammert schlagen sie ihre Mützen zurück. Und das Eichhörnchen, ein mit einem Federbusch geschmückter Herr, verlangt seinen Zehnten. Der Degen des Blauspechts schlägt sie ab und Rötelmaus und graue Feldmaus rauben sie.

Höhe
2 bis 4 m
Lebensdauer
20 bis 40 Jahre
Natürliches Vorkommen
In Wäldern und Hecken bis 1700 m
Blütezeit
Januar bis März
Bezeichnung der Früchte
Haselnüsse
Verwendung
Speisenüsse, Werkzeuggriffe, Einlegearbeiten
Sommergrün

Die Haselnuss der Gattung *Corylus* gehört wie die Hainbuche zur Familie der Haselnussgewächse (*Corylaceae*), von der sich ihr Name ableitet. In Europa gibt es etwa 15 verschiedene Arten.

Die **Gewöhnliche Hasel** (*Corylus avellana*) ist eine sehr verbreitete einheimische Art. Meist wird sie drei bis sechs Meter hoch, manchmal erreicht sie sogar eine Höhe von zehn Metern. Sie wächst als buschiger Strauch, den man leicht an seinem ausladenden Habitus erkennen kann und treibt sehr üppig aus. Seine Äste überleben zwischen 20 und 30 Jahre, treiben aber immer wieder neu aus und ermöglichen dem Strauch so, einige hundert Jahre alt zu werden. Die Haselnuss ist ein Flachwurzler und reagiert deshalb empfindlich auf Wassermangel. Ihre glatte, grau-braune Rinde zerfasert mit der Zeit. Die wechselständigen Blätter sind doppelt gesägt, biegsam und behaart. Die Haselnuss ist einhäusig und trägt lange, feste und zylinderförmige männliche Kätzchen. Die weiblichen Blüten verbergen sich in den Knospen, aus denen nur ihre Narben hervorragen. Die Früchte sind hartschalig und von einem Fruchtbecher umhüllt. Sie bilden sich einzeln oder als Zweier- oder Dreiergruppen.

Buche

Familie der Fagaceae, Gattung *Fagus*

Die hohen Buchenwälder, die lange Echos ertönen lassen, und in denen sich das Geäst zu weiten Hallen verzweigt, weichen keinem anderen Baum. Werden sie gefällt, hinterbleibt eine Lichtung.

Der botanische Name der Buche *Fagus* stammt aus dem Lateinischen. Das griechische Wort für Buche lautete „phagein" (dt. essen) und im Vorgermanischen nannte man diesen Baum „bhâgos". Früher aß man nicht nur die Bucheckern, sondern auch die süßen, jungen Blätter der Buche als Muß, als Kraut oder einfach als Brotbelag. Daher stammt die Bezeichnung „Esslaub". Später wurde es jedoch nur noch an Tiere verfüttert.

An die indogermanische Wurzel erinnern zum Beispiel das althochdeutsche „buoha", das englische „beech", das niederländische „beuk" und das slawische „buckow". Das englische „beech" ging aus „boc" hervor, woraus auch „book" für Buch entstand. Nur das Französische „hêtre" weicht von dem germanischen Ursprung ab, ist dafür jedoch mit dem altfränkischen „Heester" (Heister) verwandt, das junge, erstmals oder nach dem Zurückschneiden austreibende Buchenstämme bezeichnet.

In einigen Gegenden nährte das überraschende Auftauchen von Blutbuchen mit blutroten Blättern, bei denen der Überschuss an rotem Farbstoff das Blattgrün überdeckt, den Aberglauben des Volkes. Sie wiesen auf brutale Verbrechen hin oder kündigten blutige Kriege an. Ebenso galten Buchen lange Zeit als Symbole der Weisheit und des Wissens. Der Legende nach soll das erste Buch aus ihren feinen holzigen Blättern entstanden sein. Für die Verbindung zwischen Buchen und Büchern gibt es auch eine wortgeschichtliche Erklärung: Das Althochdeutsche „buohstap" für Buchstabe entstand, weil das germanische Runenalphabet auf Stäbe aus Buchenholz geritzt wurde.

Die Buche war eine von vier Säulen im Kalender der Kelten. Die alten Griechen wussten nichts von ihrer Existenz, da sie nicht das Glück hatten, sie zu ihrer Vegetation zu zählen. Auch im Reich der Römern war sie selten, doch sie verehrten sie eine Zeit lang. In Fagutal, so hieß ein Stadtviertel des alten Rom, war sie ein heiliger Baum. Wie der Weißdorn galt die Buche als die Mutter der Wälder. Sie beschützt und ernährt, indem sie ein undurchdringliches Blätterdach als Unterkunft und das Manna ihrer Bucheckern bietet. In den ersten Lebensjahren bilden Buchen fast nur Schattenblätter aus, die den Schutz der alten Bäume benötigen, weil sie in der direkten Sonne nicht überleben können. Die gehaltvollen Früchte der Buche stillten den Hunger von Menschen, Tieren und Vögeln. Sie wurden zu einem qualitativ hochwertigen Öl verarbeitet, das sich fast mit Olivenöl messen konnte. Es hielt sogar länger, weil es nicht ranzig wurde.

Buchenholz ist gutes Brennmaterial mit sehr hohem Heizwert. Glashütten und Metallgießereien verschlangen sogar ganze Buchenwälder. Man imprägnierte es mit Eisensulfat und baute aus Buchenbohlen Eisenbahnstrecken oder Kiele für Kriegsschiffe. Schreiner stellten aus Buchenholz Küchenmöbel, Schraubstöcke für Metzger und Werkbänke her. Für den Haushalt wurde es zu Käsereiben, Eimern und Kornmaßen verarbeitet. Man drechselte daraus Werkzeuggriffe und Holzhammer. Wagen- und Karosseriebauer verwendeten es, sobald sie es bekommen konnten. Buchenholzschuhe waren wasserdicht, im Winter allerdings zerbrechlich und kalt.

Der Buche wurden nie Heilkräfte zugeschrieben, die an ihre eindrucksvolle Höhe hätten heranreichen können, auch wenn das Wasser, das sich in ihren Hohlräumen sammelte, Schuppen und Schorf kurierte. Die kräftigende und fiebersenkende Wirkung ihrer Rinde findet heutzutage kaum noch Beachtung. Lange Zeit stand der inzwischen als krebserregend in Verruf geratene Wirkstoff des Buchenholzteers in Form von Kreosotpillen hoch im Kurs gegen Bronchialbeschwerden. Heute wird er nur noch äußerlich bei Rheuma, Gicht und Hautleiden angewendet.

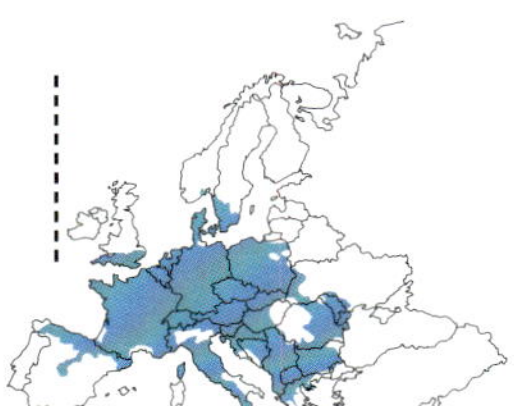

Höhe
30 bis 40 m
Lebensdauer
150 bis 300 Jahre
Natürliches Vorkommen
Flaches Land, Hügel und Gebirge bis 1700 m
Blütezeit
April bis Mai
Bezeichnung der Früchte
Bucheckern
Verwendung
Essbare Bucheckern (Öle), antiseptisch und desinfizierend wirkende Rinde, Schnittholz, Papierherstellung, Spanplatten, Brennholz zum Heizen
Sommergrün

Die Buche ist aufgrund ihrer Höhe und ihres Namens die prägende Gattung der Familie der Buchengewächse (*Fagaceae*). Diese umfasst etwa 600 Arten, die sechs Gattungen zugeordnet sind. Drei davon sind in Europa heimisch: *Fagus*, *Quercus* und *Castanea*.

Die **Rotbuche** oder **Gewöhnliche Buche** (*Fagus sylvatica*) ist zusammen mit der Eiche der wichtigste Laubbaum der europäischen Wälder. Er kommt am zweithäufigsten vor. Die Rotbuche bevorzugt ein ozeanisches Klima und lockere und nährstoffreiche Böden. Sie wächst auch im Gebirge. Steht sie im Wald, ist ihr Stamm sehr gerade, zylinderförmig und bis zu einer Höhe von 20 Metern kahl. Einzeln stehende Buchen verzweigen sich früher. Ihr Laub bildet ein dichtes, schattiges Flechtwerk mit den benachbarten Baumkronen und sie entwickelt ein üppiges Wurzelwerk auf saurem Humus, sodass sich kaum andere Arten im Unterholz ansiedeln. Rotbuchen erreichen eine Höhe von 40 Metern und können 300 Jahre alt werden. Die graue Rinde mit weißen Flecken bleibt glatt. Die wechselständigen, elliptischen Blätter mit welligen Blatträndern sind lederartig und glänzen. Ihre Oberseite ist dunkelgrün, die Unterseite etwas heller. Die männlichen Blüten hängen an Stielen. Die weiblichen sind zweiblütig und von einem stacheligen und an der Spitze samtig-weichen Fruchtbecher umgeben. Wenn sie reif sind, geben sie zwei trockene, glänzende, essbare Bucheckern frei.
Die **Varietät „tortuosa"** unterscheidet sich auf kuriose Weise von der Rotbuche. Diese Bäume haben verdrehte und verkrüppelte Stämme. Daher sind sie auch unter den Namen Krause Buche oder Krüppelbuche bekannt. Es gibt nicht mehr viele Exemplare. In Europa kommen sie an einzelnen Standorten vor. In Dänemark und Schweden, im Wald bei Reims sowie im Süntel und am Deister im Weserbergland, daher auch der Name Süntelbuchen.

Stieleiche

Eiche

Familie der Fagaceae, Gattung *Quercus*

Wie ein Monument spendet die Eiche ihren Schatten nur zu feierlichen Anlässen. Legenden singen theatralisch ihr Loblied. Die Eiche ist wie ein Veteran: Jeder Ast stellt einen Orden dar, jede Eichel eine Medaille. Jeder Windstoß, der in ihr dicht verzweigtes Gedächtnis dringt und ihr Laub rauschen lässt, säuselt in alten Erinnerungen.

Der majestätische Wuchs der Eiche lenkt den Blitz ab. Sie kann ein hohes Alter erreichen und hat sehr haltbares Holz. Deshalb war sie bereits seit der Antike für Höheres bestimmt. Das Goldene Vlies hing an ihren Ästen als seien sie Säulen eines Tempels. Herkules hatte eine Keule aus Eichenholz. Zeus sprach sein Orakel durch die Eichen im Eichenhain von Dodona. Der Herr sprach zu Abraham unter der heiligen Eiche von Mamre. Die Druiden ernteten die seltene Eichenmistel, die nur in den Zweigen der Eiche wächst.

Lange Zeit glaubten die Menschen, dass Nymphen in Eichen wohnen. Sie nannten sie Dryaden, nach dem griechischen Wort „drys“ für Eiche. Ihre Schwestern, die Hamadryaden, erblickten mit der Eiche das Licht der Welt und starben auch mit ihr. Eine Eiche ohne die Erlaubnis eines Priesters zu fällen, stand unter Todesstrafe. Um die Widerständigen in Gallien leichter besiegen zu können, bewaffnete Caesar seine Soldaten mit Äxten. Dazu soll er vor den Augen seiner Legionäre eine riesige Eiche gefällt und sich damit selbst dieses Sakrilegs schuldig gemacht haben.

Wie in vielen anderen Fällen konnte das Christentum nichts gegen diese hartnäckige Tradition ausrichten und nahm sie deshalb als eigene an. So dienten Jahrtausende alte Eichen fortan dem neuen Gott. Der heidnische Baum wurde zur Kapelle, man schmückte ihn mit Kreuzen und Türmchen. Und statt Eulen wachten Heilige aus Holz in den von Würmern ausgehöhlten Nischen seiner Äste.

Eichenblättern sprach man die Wirkung zu, Löwen abzuwehren. Der König der Tiere verbeugte sich vor dem König der Bäume. Eichenzweige krönten Statuen, Athleten und Helden. Die römischen Imperatoren wagten es, ihre heiligen Ehren für sich zu beanspruchen.

Mit kaum einer anderen Frucht verband man edlere Bedeutungen als mit der Eichel. Der Apfel, auch wenn er vergoldet ist, sät Zwietracht, während die Eichel Wohlstand und Fruchtbarkeit repräsentiert. Sie symbolisiert die Brust, aus der die Muttermilch fließt, und zugleich die Manneskraft. Die Wissenschaft bestätigte diesen alten Ruhm. Aus der Eichel stammt der Samen.

Die kleine Trockenfrucht war über Jahrhunderte das Manna der Tierherden, die Menschen verarbeiteten sie in Zeiten des Hungers zu Mehl und Kuchen. Der antiseptische Absud der Eichel wirkte bei Erkrankungen der Magen- und Darmschleimhaut heilend.

Eichenlaub als Sinnbild für Sieg und Heldentum tauchte im Jahr 1813 auf dem Eisernen Kreuz und später zum Beispiel im Wappen des Fürsten Bismarck auf. Bis heute schmücken Eichenblätter Jägerhüte und Trachtenkleidung, aber wohl eher als Ausdruck der Verbundenheit mit dem Wald.

Auch die Rinde der Eiche diente als Medikament. Ihre besondere blutstillende Wirkung half gegen Fieber, Vergiftungen und giftige Tierbisse. Gerber nutzten die Tannine der Rinde, um Tierhäute haltbar zu machen. Als wollten sie den faden Geschmack der Früchte vergessen lassen, die das Astwerk der Eiche hervorbrachte, nährten ihre Wurzeln Pilze in der Erde, die man lange Zeit für Teufelswerk hielt: die köstlichen, herrlich duftenden Trüffel sind heute gastronomische Highlights.

Die Eiche zählt zu den Edelhölzern. Die Dächer der Kathedralen sind aus Eichenbalken; in Segelschiffen überquerte sie Ozeane. Eichenholz gehörte zu den teuersten Rohstoffen, aus denen man Vertäfelungen, Parkett, Möbel und Werkzeuge herstellte. Die über 100-jährigen Bäume aus dem Staatsforst von Tronçais, den Colbert wohlweislich in Staatsbesitz umgewandelt hatte, um die Marine mit Bauholz zu versorgen, zeugen von ihrem hohen wirtschaftlichen Nutzen in der

Stieleiche

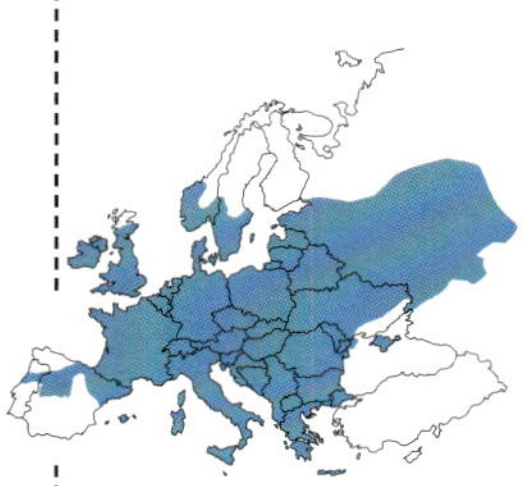

Höhe
25 bis 35 m
Lebensdauer
500 bis 1000 Jahre
Natürliches Vorkommen
Frische nährstoffreiche Böden
Blütezeit
April bis Mai
Bezeichnung der Früchte
Eicheln
Verwendung
Inneneinrichtungen, Furnierblöcke, Weinfässer, früher: Eicheln als Schweinefutter, Holz zum Bau von Schiffen
Sommergrün

Steineiche

Vergangenheit. Ihre Qualität glich der von Spitzenweinen. Und zu Fässern zur Weinlagerung verarbeitet, verlieh Eichenholz den Weinen eine ganz besonders edle Note. Eine harmonischere Verbindung hat der Mensch noch nicht gefunden. Und so bringt Wein aus Eichenfässern eher Glück in der Ehe als Regenwetter, zumal doch beides berauschende Wirkung haben soll.

Die Eiche allein steht für die lärmende Menge aller Bäume. Manchmal halten sich die Menschen für genauso stark. „Stark wie eine Eiche", gilt als Attribut für die Kräftigsten. Aber die Eiche steht auch für Großzügigkeit. Es gibt nichts, was sie uns Menschen nicht geschenkt hätte: die Ernte ihrer Eicheln, das Tannin aus ihrer Rinde, Korken, Holz für Weinfässer, Parkett unter unseren Füßen, Decken über unseren Köpfen. Alles von der einfachen Verpackung bis zum prächtigen Schloss.

Die Eiche ist ein gutmütiger Riese, der uns Nüsse zuwirft, uns sein Hemd, seine Stiefel und seinen Hut gibt und sogar sein Herz.

Eichel der Zerreiche

Stämme im Eichenwald

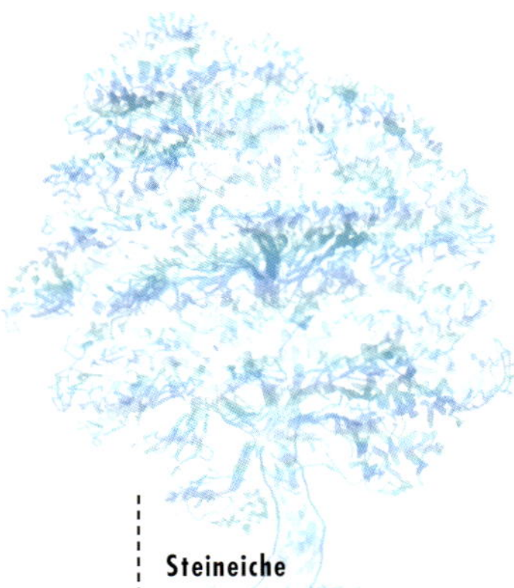

Steineiche

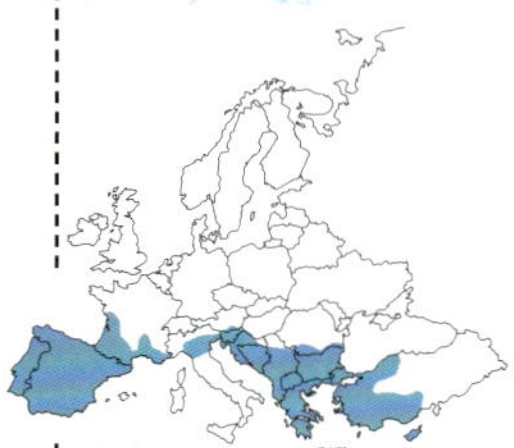

Höhe
5 bis 20 m
Lebensdauer
200 bis 500 Jahre
Natürliches Vorkommen
Heideartige Landschaften, Macchia, Wälder an Küsten, mediterrane Eichenhaine
Blütezeit
April bis Mai
Bezeichnung der Früchte
Eicheln
Verwendung
Werkzeuggriffe, Einlegearbeiten, Kunsttischlerei, Holzkohle
Immergrün

Die Gattung *Quercus* aus der Familie der Buchengewächse (*Fagaceae*) umfasst etwa 250 Arten. Nur acht davon kommen natürlich in Europa vor. Darunter gehören drei mit Abstand zu den häufigsten Arten: die Stieleiche, die Traubeneiche und die Flaumeiche. Spaziergänger verwechseln sie häufig und es ist auch nicht immer leicht, sie zu identifizieren, aber sie haben dennoch recht unterschiedliche Merkmale.

Die **Stieleiche** oder **Sommereiche** (*Quercus robur* bzw. *pendunculata*) trägt auf einem dicken, kurzen und geraden Stamm lange, gebogene Äste und bildet ihr Laub unregelmäßig in Büscheln. Mit zunehmendem Alter wird ihre glatte, gräuliche Rinde braun und bekommt tiefe längliche Furchen. Die Eicheln sind manchmal gestreift und hängen an einem langen Stiel. Stieleichen erreichen eine Höhe von etwa 35 Metern und können problemlos ein halbes Jahrtausend alt werden.

Die **Traubeneiche** bzw. Wintereiche (*Quercus petraea* bzw. *sessiliflora*) hat ähnliche Eigenschaften, unterscheidet sich jedoch deutlich im Wuchs. Der Stamm ist dünner und ragt wie ein Pfeil bis in die Krone empor. Auch die Äste sind weniger gewunden. Das Laub wächst gleichmäßiger und lässt den Baum im Winter oft rot leuchten. Die runden Eicheln stecken in einem Fruchtbecher ohne Stiele, daher stammt ihr botanischer Name („sessile", sesshaft). Die Art wächst gern in Gesellschaft und bildet die großen Eichenwälder der großen Staatsforste und Mittelgebirge. Diese Eichenart liefert das wertvollste Edelholz.

Die **Flaumeiche** (*Quercus pubescens*) wird nicht höher als 25 Meter, ist also vergleichsweise klein. Ihr Stamm ist kurz und gebogen. Das grau-grüne Laub entwickelt sich unregelmäßig dicht und wirkt sehr blass, da die Blätter und Zweige behaart sind. Die eiförmigen Eicheln haben einen kurzen Stiel und sind wie ihr Hütchen ebenfalls flaumig. Diese Art wächst vereinzelt im Unterholz, liebt jedoch Licht und kalkhaltige Böden. Sie kommt häufig im Kaiserstuhl und in Südtirol vor sowie in Südfrankreich, zum Beispiel als Trüffeleiche des Périgord.

Korkeichen

Die Zerreiche, die Pyrenäeneiche und die Roteiche gehören ebenfalls zu den sommergrünen Arten.

Die **Zerreiche** (*Quercus cerris*) ist die seltenste. Der große Baum wird nicht sehr alt. Ursprünglich stammt er aus Osteuropa. Die eiförmigen, fein gestreiften Eicheln hängen an kurzen Stielen. Feine zerzauste Haare kennzeichnen ihr Hütchen.

Die in Küstenregionen verbreitete **Pyrenäeneiche** (*Quercus pyrenaica* oder *toza*) ähnelt der Flaumeiche. Sie bevorzugt kieselsäurehaltige Böden, stellt aber sonst kaum Ansprüche. Mehltau (Oidium) befällt ihr Laub und überzieht es mit weißem Belag. Auf ihren Eicheln sitzen Hütchen mit samtiger Oberfläche.

Die **Roteiche** (*Quercus rubra*), die aus Amerika stammt, kam im 18. Jahrhundert nach Europa. Sie wächst schnell, ist robust, bevorzugt kalkhaltige Böden, gedeiht aber besser als die Stieleiche auf sauren und lehmigen Böden. Im Herbst färbt sich ihr prächtiges Laub knallrot.

Die beiden folgenden Arten haben immergrünes Laub und sind vorwiegend im Mittelmeerraum verbreitet.

Die **Steineiche** (*Quercus ilex*) oder **Stechpalmenblättrige Eiche** wächst sehr langsam, wird aber sehr alt. Sie braucht sehr viel Licht, ist kälteempfindlich und toleriert durchschnittliche, eher kalkhaltige Böden. Sie ist klein und stämmig, bildet zahlreiche Äste und sehr dichtes Laub. Ihre ledrigen, glänzenden und oft stacheligen Blätter ähneln denen der Stechpalme. Früher zählte sie wegen ihres düsteren Aussehens zu den Bäumen, die Tod und Vergänglichkeit symbolisierten.

Die **Korkeiche** (*Quercus suber*) verträgt weder Kälte noch kalkhaltige Standorte. Die kräftige Gestalt dieses Baumes wird durch die Korkernten sehr geschwächt. Er wird nicht höher als 15 Meter. Seine gezähnten Blätter ähneln denen der Steineiche. Zuerst wird die erste tief gefurchte Rinde abgeschält, der so genannte männliche Kork. Erst dann bildet sich der weibliche Kork, der in der Regel alle acht Jahre geerntet werden kann.

Esskastanie

Familie der Fagaceae, Gattung *Castanea*

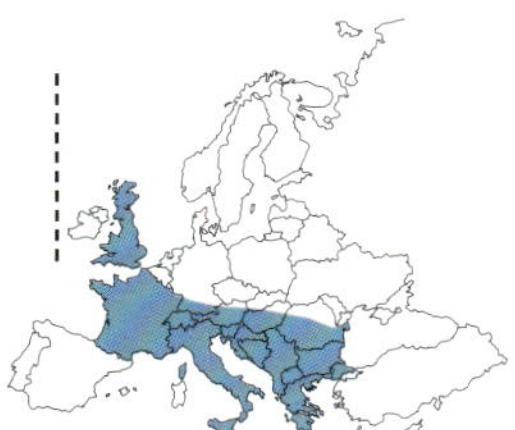

Höhe
25 bis 35 m
Lebensdauer
500 bis 1000 Jahre
Natürliches Vorkommen
Überall auf trockenen Böden bis 1000 m
Blütezeit
Juni bis Juli
Bezeichnung der Früchte
Esskastanien
Verwendung
Speisefrucht, Pfähle, Pflöcke, Balken, Planken, Parkett und Vertäfelungen
Sommergrün

Wir alle haben mindestens einen Vorfahren, dem die mehligen Früchte der Esskastanie den leeren Magen füllten. Sie gehörten in jedem Herbst zur Alltagskost, waren ein Glücksfall für Landstreicher und in Hungersnöten. Sie werden geröstet, kommen in die Suppe, ins Ragout, ins Püree, in die Kroketten oder den Kuchen und finden sogar beim Brotbacken Verwendung.

Dioskurides nannte die Esskastanie oder Edelkastanie „Eichel von Sardis", weil dieser Baum in der Hauptstadt Lydiens so reichlich vorhanden war. Die lateinische Bezeichnung *Castanea* stammt aus dem Griechischen und kommt von Castanis, einer Stadt des Königreichs Pont, das auf dem Gebiet der heutigen Türkei lag. „Marone", der gebräuchliche Name der Edelkastanie, leitet sich aus dem Italienischen ab und heißt wörtlich „dicke Kastanie". Nicht zu verwechseln ist sie mit der nicht essbaren Kastanie, die erst im 17. Jahrhundert aus Konstantinopel nach Westeuropa eingeführt wurde. Man benannte sie nach ihren Früchten „Rosskastanie". Bis heute erinnert auch ihr botanischer Name daran: *Aesculus hippocastanum*.

Wie alle gerbstoffhaltigen Rinden und Blätter haben auch die der Kastanie eine heilende Wirkung bei Fieber, Bronchitis und rheumatischen Erkrankungen. Mit Aufgüssen aus ihrer Schale und ihren Früchten heilte man früher Koliken.

Der Überlieferung nach gilt dieser Baum als Symbol der Voraussicht, da er die Menschen in langen Wintern versorgte, und wird daher auch mit den Verstorbenen in Verbindung gebracht. Man aß seine Früchte an Allerheiligen und die Armen bettelten an den Türen darum. Die Patisserie wiederum machte Maroni-Eiskrem zu einem Hochgenuss unter den Süßigkeiten.

Die Esskastanie, die wie viele exotische Baumarten vielleicht schon vor den Eiszeiten auf der Erde existierte, kam mit den Römern nach Europa. Später setzten die Mönche des Hochmittelalters ihren Anbau und ihre Zucht fort. Ihr Holz ähnelt dem der Eiche. Es ist für Kaminfeuer wenig brauchbar, weil es zur Bildung von Flugasche neigt. Man stellte daraus Pflöcke, Rebpfähle und Planken her. Außerdem sagte man ihm nach, es könne Spinnen vertreiben.

Der größte Kastanienbaum ging im vergangenen Jahrhundert an den Hängen des Ätna zugrunde. In fast 3000 Jahren war er zu einem echten Patriarchen geworden. Man nannte ihn: „Baum der hundert Pferde", seit Johanna von Aragon und ihre hundert Reiter starke Eskorte unter seiner Krone Zuflucht fanden, als sie von einem Gewitter überrascht wurden.

Für einen starken Rückgang der Esskastanie sind zwei Pilzkrankheiten verantwortlich, der Kastanienrindenkrebs und die Tintenkrankheit, welche die Rinde beziehungsweise die Wurzel befallen. Auch der Konsum von Esskastanien ist zurückgegangen, was ihrer Verbreitung nicht gerade förderlich ist. Also Gastronomen, kauft Esskastanienhaine! Denn unter der Esskastanie führt der Kaiserling sein ehrbares Haupt spazieren. Im Abendlicht, das bis unter das Astwerk reicht, schimmert er Gelb und Orange wie ein Lampion.

Die Esskastanien sind mit den Buchen und Eichen verwandt und zählen wie diese zur Familie der Buchengewächse (*Fagaceae*). Zur Gattung *Castanea* gehören einige Dutzend Arten, die auf der nördlichen Erdkugel verbreitet sind.
Die **Esskastanie** (*Castanea sativa*) prägt unsere heimische Landschaft. Das Adjektiv „sativus" bedeutet „gezüchtet". Der Baum kann 30 Meter hoch werden. Viele Exemplare erreichen ein Alter von über 500 Jahren. In Baumgruppen weist die Esskastanie eine schlankere Silhouette auf. Sie bevorzugt Halbschatten, wächst in tiefen, wasserdurchlässigen und sogar nährstoffarmen Böden, verträgt aber keinen kalkhaltigen Standort. Die glatte, graue Rinde bekommt vertikale Risse, die später spiralig um den Stamm verlaufen. Die lanzettlich geformten Blätter mit spitz gezähnten Rändern haben kurze Blattstiele und grün-glänzende Oberflächen. Die männlichen Blüten bilden sich an länglichen und duftenden Kätzchen. An ihrer Basis hängen die weiblichen Blüten jeweils zu dritt und entwickeln sich zu einer stacheligen Fruchtschale. Darin sitzen die Kastanien.

Feldulme

Feldulme

Ulme

Familie der Ulmaceae, Gattung *Ulmus*

In den Dörfern versammelten sich früher die Ältesten unter diesem Baum der Weisen, um im Namen des Herrn Recht zu sprechen. Deshalb nannte man sie „Richter unter der Ulme". Zu jener Zeit war der ironische Ausspruch „erwarte mich unter der Ulme" gebräuchlich, was jedoch bedeutete, dass man nicht kommen würde.

Die Ulme eskortierte gleichermaßen prunkvolle Avenuen und alltägliche Wege und, noch vor der Pappel, säumte sie die Ufer der Kanäle. An zahlreichen Orten fielen ihre wohlwollenden Schatten über die Bänke und boten auf Spazierwegen Schutz vor der Sonne. Die Römer nutzen Ulmen als Rebstützen und verarbeiteten ihr Holz später auch zu Rebpfählen. Ihre Weinstöcke bekamen daraufhin doppelt so viele Blätter und saftigere Früchte.

Ulmen sind außergewöhnliche Bäume: Ihr Holz ist hart, widerstandsfähig und elastisch und es bekommt keine Risse. Wagenbauer machten daraus Räder, Felgen und Naben. Zu den weiteren Qualitäten zählte die Haltbarkeit des Holzes im Wasser. Man verwendete es sogar zum Bau ganzer Kanalisationen. Da es günstiger war als Eichenholz, verarbeitete man es auch zu Schiffsböden und -kielen. Für Joche und Blöcke war das solide Holz perfekt und da es nicht splitterte, eignete es sich auch hervorragend für Treppen und Geländer. Schließlich verarbeitete man es wegen seiner schönen Maserung auch gern zu Möbeln, und die Kunsttischler schworen auf die so genannten Stammkröpfe, aus denen sie die berühmten Kropffurniere fertigten.

Feldulme

Seit dem Altertum genießt die Heilkraft der Ulme einen hervorragenden Ruf. Sie brachte bei vielen Hautkrankheiten Heilung. Sie schloss Wunden, Abszesse, Verbrennungen und heilte Lepra. Die bemerkenswerten Eigenschaften ihrer Rinde verschafften zwar den Kranken Linderung, führten aber dazu, dass ihr Stamm fast komplett abgeschält wurde. Ihre maßlose Verwendung musste verboten werden.

Noch größeren Schaden richtete ein gewisser Käfer unter der Rinde der Ulme an. Zu Beginn des 20. Jahrhunderts sprach man bereits von einer Epidemie, der „Holländischen Krankheit", die man zuerst in Holland entdeckte und die durch den Ulmensplintkäfer (Scolytus) übertragen wurde. Während dieses eifrige Insekt seine Gänge durch die Rinde grub, infizierte es die Ulme mit den Sporen eines giftigen Schlauchpilzes (Ophiostoma ulmi). Dies bedeutete ihren Tod. Das nicht heilbare Ulmensterben (Graphiose) breitete sich in den 1970er Jahren so sehr aus, dass fast alle europäischen Ulmen ausstarben.

Eine solche Katastrophe lässt sich nicht rückgängig machen. Allerdings gibt es in Japan gezüchtete Ulmen-Hybriden, die gegen die Krankheit resistent sind. Vielleicht können sie, gemeinsam mit den einheimischen Bäumen, den Fortbestand der Art sichern.

Bergulme

Auf unserer Erdhalbkugel gibt es um die 18 Arten der Gattung *Ulmus*. Zu den bekanntesten zählen die **Feldulme** (*Ulmus minor*) und die **Bergulme** (*Ulmus montana*).

Die **Feldulme** bevorzugt Licht, Wärme und einen Standort in fruchtbaren Tälern. Auf einem aufrechten Stamm trägt sie eine breitwüchsige Krone. Die glatte, dunkelgraue Rinde blättert in länglichen Rissen. Ihre ovalen Blätter haben eine dunkelgrün glänzende Oberseite, doppelt gesägte Blattränder, markante Blattadern und einen asymmetrischen Spreitengrund. Die karminroten Blüten entwickeln sich in Büscheln vor dem Laubaustrieb. Die Früchte sitzen in Samenkapseln mit einer fast durchsichtigen Membran, welche die Samen wie eine Haut umgibt.

Ein typisches Merkmal der **Bergulme** ist ihr helleres Holz. Sie ist kleiner und weniger langlebig. Der Waldbaum ist widerstandsfähig gegen Kälte und liebt nährstoffreiche Böden, gibt sich aber auch mit felsigem Untergrund oder Kalk zufrieden. Die Blätter unterscheiden sich kaum von denen der Feldulme, sind aber größer ebenso wie die Samenkapseln.

Höhe
30 bis 35 m
Lebensdauer
400 bis 500 Jahre
Natürliches Vorkommen
Wälder in Feuchtgebieten, Industriebrachen
Blütezeit
März bis April
Bezeichnung der Früchte
Samenkapseln
Verwendung
Laub als Tierfutter, medizinische Wirkstoffe der Rinde (entzündungshemmend, adstringent), als Zierpflanze und in Kunsttischlereien, früher im Wagenbau und für Werkzeuge
Sommergrün

Platane

Familie der Platanaceae, Gattung *Platanus*

Höhe
30 bis 40 m
Lebensdauer
200 bis 300 Jahre
Natürliches Vorkommen
Schwemmland, in Mischwäldern mit Erlen, Eschen und Stieleichen
Blütezeit
Mai bis Juni
Bezeichnung der Früchte
Behaarte Nüsschen
Verwendung
Furniere, Brennholz, Pflanzungen zu Alleen oder in langen Reihen, früher Tennisschläger
Sommergrün

An den Rändern vieler Straßen stehen Platanen. Für Kinder, die sich hinten im Auto in den Schlaf gähnen, sieht es so aus, als führen sie zwischen Elefantenfüßen hindurch. Wenn diese in kleinen Herden auf Plätzen stehen, so als erfrischten sie sich dort an den Brunnen, kommen die Kinder ein wenig ängstlich heran und streicheln die riesigen Stämme. Platanen strotzen vor Kraft. In gefleckten Trikots lassen sie ihre Muskeln spielen und stellen ihre starken Arme zur Schau wie Riesen auf dem Jahrmarkt.

Vor vielen Millionen Jahren wuchsen die Zweige der Platanen neben Palmwedeln. Doch Eismassen überzogen das grüne Paradies mit Kälte. Die Platanen ebenso wie die Magnolien und die Ginkgobäume gingen ins Exil in die Tropen. Danach dauerte es sehr lange, bis Zeus im Schatten der Platanen seine geheimen Liebschaften genoss.

Nach dem minoischen Glauben verehrte die kretischen Bevölkerung die Platane als Muttergottheit. Ihre Blätter repräsentierten geöffnete Hände. Apollon bestrafte König Midas I. von Phrygien mit Eselsohren, als dieser ihm bei einem Musikwettbewerb Pan vorzog. Den Satyr Marsyas, der ihn ebenfalls in einem Musikwettbewerb besiegte, hängte er wenig später an den Ästen einer Platane auf, um ihm die Haut besser abziehen zu können. In Sparta widmete man die Platane der Helena. Als Paris die Schöne entführte, was den trojanischen Krieg verursachte, pflanzten Agamemnon und Menelaos bei ihren Vorbereitungen für den Kampf eine Platane.

Als Baum der heiligen Wälder wuchsen Platanen in Athen in den Gärten des Hippokrates, ihre Schatten wachten über die Gespräche und Spazierwege in der Akademie Platons und über die Märkte und Volksversammlungen auf der Agora. Die Römer wussten ihren Schatten zu schätzen. Der Konsul Crassus hielt in einem alten Baumstamm ein Bankett mit 17 Gästen ab. Auch Caligula brachte 15 Personen in einem Baumstamm unter. Dionysius, der Tyrann von Syrakus, pflanzte eine Platane in seine Villa in Reggio.

Obwohl ihre Vorfahren im Altertum bekannt waren, kommen Platanen in Europa erst seit kurzer Zeit vor. Die Morgenländische Platane gelangte im 16. Jahrhundert aus der Türkei nach England, und ihr folgte bald eine verwandte Art aus Amerika, bekannt unter dem Namen Westliche Platane. Diese beiden Arten vermählten sich und ihre Nachkommen bildeten eine neue Art, die wir als Gewöhnliche oder Bastard-Platane kennen. Über den wahren Kern dieser schönen Geschichte diskutieren die Botaniker bis heute. Wie auch immer, den Leuten gefällt sie.

Die Platane, eine langhaarige Göttin, deren zarte, glänzende Haut sich wie bei einer Schlange immer wieder erneuert, symbolisiert Schönheit und Wiedergeburt. Aber in unserer Zeit, die skrupellos ihr Schwert schwingt, pflegt man sie zu köpfen. Diese Manie des Zurückschneidens, die durch nichts gerechtfertigt erscheint, verstümmelt ihre Reize, beeinträchtigt ihre Gesundheit, erhöht das Risiko des Wurmbefalls und schwächt sie.

Die Familie der Plantanengewächse (*Platanaceae*) besteht vorwiegend aus der Gattung *Platanus*, die ein halbes Dutzend Arten umfasst, deren Vorfahren schon während der erdgeschichtlichen Zeitalter Kreidezeit und Tertiär existierten.
In Europa ist die Gewöhnliche Platane (*Platanus x acerifolia*) am häufigsten. Die Bezeichnung Platane geht auf das lateinische „platanus“ zurück, das „breit und flach“ bedeutet und sich auf ihre Blätter bezieht. Die Gewöhnliche Platane wird auch Ahornblättrige Platane (*acerifolia*) genannt. Aufgrund ihrer guten Wüchsigkeit und ihrer Widerstandsfähigkeit gegen Luftverschmutzung ist sie ein beliebter Stadtbaum. Ihre kräftigen Äste sind dicht verzweigt. Die glatte Rinde blättert regelmäßig in dicken Platten ab, darunter erscheint neue hellere. Die großen, gefingerten und herzförmigen Blätter haben drei bis fünf mehr oder weniger tief eingeschnittene Lappen. Sie ähneln den Blättern von Ahorn oder Wein. Die Fruchtstände sind kugelförmig und haben Stacheln.

Weißdorn

Familie der Rosaceae, Gattung *Crataegus*

Der kleine Marcel liebte Gilberte und Weißdorn. Wie ließen sich die Liebe und ihre Qualen besser zusammenfassen? Aufblühende Schönheiten, betörende Parfüms und aggressive Dornen! Aber der Weißdorn hat nicht auf Marcel Proust gewartet, um seine ersten Komplimente zu bekommen. Die alten Griechen nannten ihn „Krataigos", was bedeutet „der den Ziegen Kraft gibt". Und Hera, die Frau des Zeus, soll ihre Kinder empfangen haben, indem sie nichts anderes tat, als die Blüten des Weißdorn zu berühren. Er galt als Fruchtbarkeitssymbol und Baum des Mais, des Monats der religiösen Reinigungsrituale, in dem im Römischen Reich Hochzeiten verboten waren.

Nachdem Janus die Nymphe Carna missbraucht hatte, entschädigte er sie großzügig. Der Gott und Wächter der Türen schenkte ihr einen Weißdornzweig und übertrug ihr damit auch dessen Fähigkeit, böse Geister von den Türschwellen fernzuhalten und Säuglinge vor Vampiren und anderen blutsaugenden Wesen zu schützen.

Die Kirche knüpfte ihrerseits an die antike Tradition an und machte aus dem hübschen Monat Mai, dem die Blüten den Duft verleihen und in dem die Säfte steigen, den Monat der absolut keuschen Maria. Nachdem er Christus bestattet hatte, überquerte Josef aus Arimathäa der Legende nach den Ärmelkanal im Jahr 63. In Glastonbury steckte er seinen Pilgerstab in die Erde, der Wurzeln bekam und in der Nacht erblühte. Auch die Einheimischen hegten keinerlei Zweifel mehr daran, dass daneben eine Kapelle errichtet werden müsse. Und das Christentum verbreitete sich bei den Bretonen. Cromwells Rebellen zerstörten diesen berühmten Weißdorn. So starb er nach 1600 Jahren einen zufälligen Tod, der eines Patriarchen würdig gewesen wäre. Sein Ahnherr, Methusalem, der Großvater von Noah, lebte nicht länger als 969 Jahre.

Mit den Jahren schrieben die Menschen dem munteren Weißdorn eine Vielzahl von rituellen Bedeutungen und magischen Fähigkeiten zu. An Stalltüren in Mist gepflanzt sollte er Kröten und Schlangen vertreiben und in Speichern Schutz vor Gespenstern und Gewittern bieten. Unter seinem Geäst suchten die Menschen Zuflucht vor Blitzen. Der Apostel Markus berichtete, dass die Soldaten Jesus eine Dornenkrone aufsetzten. Zweifellos bestand sie aus Weißdornzweigen. Und nachdem sie diese Stirn berührt hatte, musste diese Pflanze einfach gegen Dämonen wirksam sein.

In der Heilkunde gilt Weißdorn als beruhigend und schmerzstillend, krampflösend, belebend, harntreibend und fiebersenkend. Er soll sogar die Durchblutung der inneren Organe fördern. Seine Blüten und Blätter, seine Beeren und seine Rinde lösen sich in therapeutisch wirksamen Badezusätzen auf und schwimmen in Tees und Aufgüssen. Er gleicht einer Krankenschwester in Weiß. Und zwar einer, die weiß, wie man Spritzen gibt. Weißdorn sticht übrigens wirklich ausgezeichnet. Nach Berichten von Julius Cäsar pflanzten manche keltische Stämme unüberwindliche Dornenhecken, um der Kavallerie den Weg zu versperren. Die weiße Blütenpracht aus Weiß- und Schlehdorn verschönert bis heute jeden Frühling unsere Heckenlandschaften.

Eingriffliger Weißdorn

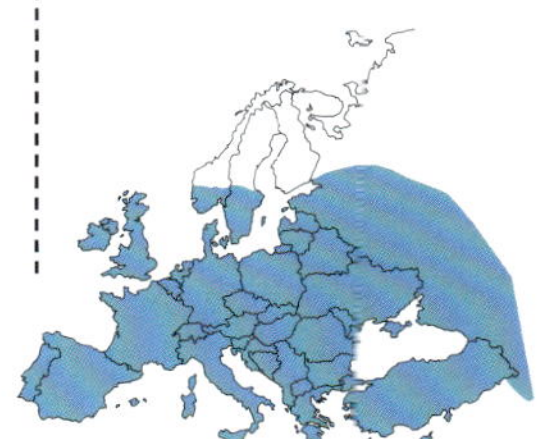

Höhe
4 bis 10 m
Lebensdauer
500 Jahre
Natürliches Vorkommen
Brachland, lichte Wälder, Hecken bis 1600 m
Blütezeit
Mai
Bezeichnung der Früchte
Beeren
Verwendung
Herzstärkende Wirkstoffe, sehr hartes Holz für kleine Schreiner- und Drechslerarbeiten geeignet, Zierpflanze
Sommergrün

Weißdorn bildet eine eigene Gattung in der großen Familie der Rosengewächse (*Rosaceae*).
Der **Eingrifflige Weißdorn** (*Crataegus monogyna*) wächst dicht verzweigt, weist reichlich Dornen auf und kann 10 Meter hoch werden. Man schätzt seine Lebenserwartung auf ein halbes Jahrtausend. Seine spitzen, wechselständigen Blätter sind tief eingeschnitten, an der Unterseite weisen sie behaarte Büschel auf. Die weißen oder rosafarbenen Blüten haben nur einen Griffel. Die Beeren sind tiefrot und enthalten jeweils einen Samen.

Der **Zweigrifflige Weißdorn** (*Cratægus laevigata*) ist stark dornig. Er wächst auch in Wäldern unter höheren Bäumen. Im Sonnenlicht verzweigt er sich häufiger. Er wird nicht so hoch wie der Eingrifflige Weißdorn, kann aber ein ebenso hohes Alter erreichen. Seine ovalen, gelappten Blätter sind ungleichmäßig gezähnt und bilden sich früher als bei den anderen Arten. Weißblühende Arten haben zwei oder drei Griffel. Rotblühende (bekannt als Rotdorn ‚Paul's Scarlet') haben zwei Griffel und entwickeln Beeren mit zwei Samen.

Wildbirne

Wilde Obstbäume

Familie der Rosaceae, Gattungen *Prunus*, *Malus* und *Pyrus*

Die Wildformen der Obstbäume wissen nichts von ihren immens zahlreichen Nachkommen, die überall in den Obstgärten gedeihen und von deren Zweigen runde und wohlgenährte Früchte baumeln wie volle Geldbörsen. Wie Vagabunden durchstreifen sie die Wälder mit der Pracht ihrer Blüten, einem späten Frühjahrsschnee. Im Herbst lassen sie die letzten Freudenfeuer erleuchten.

Früher wussten die Menschen sie sehr zu schätzen und hüteten sich, sie zu zerstören. Sie pflanzten sie in ihre Wälder und Hecken und mischten sie unter die Bäume ihrer Obstgärten. Sie säten sie aus und nutzten ihre Stämme bei der Züchtung veredelter Formen als Unterlage. Die Mönche konservierten diese Wildformen für uns, als seien sie direkt aus dem Paradies zu ihnen hinab gefallen.

Die Menschen früherer Zeiten hatten härtere Zähne und es musste auch nicht unbedingt alles süß sein, was sie aßen. Sie versäumten keine Möglichkeit, wild wachsendes Obst zu ernten und nahmen es, je nach Bedarf, als säuerliche Speisen oder fröhliche Getränke zu sich.

Wilde Obstbäume kamen von weit her nach Europa. Schon in der Antike waren zahlreiche Zuchtformen bekannt. Die Welt der Legenden traf ihre Wahl, indem sie den Apfel zu ihrem Gegenstand erkor. Man denke nur an den Garten der Hesperiden. Mit dem Adamsapfel trägt jeder Mann in seinem Hals ein Souvenir aus dem Garten Eden. Schneewittchen wie auch Eva führte der Apfel in Versuchung.

Die Geschichte des Kirschkuchens begann mit einer Liebesaffäre der Wildkirsche, die den Vögeln so gut schmeckte, mit der Sauerkirsche. Daraus entstanden köstliche Nachkommen, wie die Süßweichseln (Kreuzungen aus süßen und sauren Sorten), Amarellen, Bigarreaux-Kirschen und kandierte Kirschen. Aber die Vogelkirsche behielt ihre schlichten schwarzroten Früchte mit hohem Zuckergehalt und einer bitteren Note. Erst im 18. Jahrhundert, als ein großer Bedarf an Bauholz bestand, entdeckte man auch die Schönheit und den wirtschaftlichen Nutzen ihres Holzes.

Wildkirsche

Die Wildpflaume ist aus den Obstgärten ausgerissen. Unsere Pflaumen hingegen stammen von der Schlehe ab. Man sagt scherzhaft Pflaume, wenn jemand nicht sehr nützlich ist. Diese Redensart geht auf das Scheitern eines Feldzuges vor Damaskus zurück, wo die zahlreichen Pflaumenbäume die Beteiligten von der Schlacht abgelenkt haben sollen.

Die Wildbirne ist der seltenste Vertreter unter den wilden Obstbäumen. Wegen ihrer Früchte wird sie kaum geschätzt, da kann sie sich auf den Kopf stellen. Aber in Kunsttischlereien, bei Herstellern hochwertiger Intarsienarbeiten und bei Musikinstrumentebauern ist ihr Holz beliebt. Sie ist also doch besser als ihr Ruf.

Wildbirne

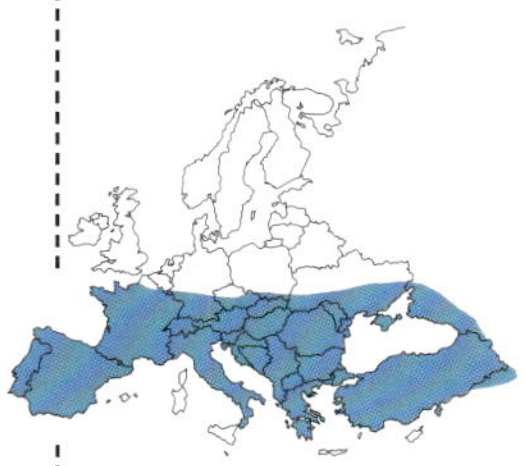

Höhe
8 bis 20 m
Lebensdauer
200 bis 300 Jahre
Natürliches Vorkommen
Wälder mit nährstoff- und basenreichen Böden
Blütezeit
April bis Mai
Bezeichnung der Früchte
Birnen (klein und bitter)
Verwendung
Nektarhaltige Pflanze, Futter für Vögel und wild lebende Tiere, Kunsttischlerei, Musikinstrumente, Brennholz
Sommergrün

Obstbäume in Blüte

Wildkirsche

Wildkirsche

Die **Vogelkirsche** oder **Wildkirsche** (*Prunus avium*) gehört, wie alle Obstbäume, zu der sehr großen Familie der Rosengewächse (*Rosaceae*). Die lichtliebende Art erreicht eine Höhe von 25 Metern, wächst schnell und wird wie der Mensch fast ein Jahrhundert alt. Der aufrechte, zylinderförmige Stamm trägt eine gleichmäßige, lockere Krone. Die glatte, grau-glänzende Rinde färbt sich mit der Zeit rotbraun und löst sich in horizontalen Ringeln. Die ovalen, mattgrünen, doppelt gesägten Blätter sind an der Unterseite behaart und etwas heller und hängen schlaff herunter. Die lang gestielten, weißen Blüten bilden sich als Dolden. Das Fruchtfleisch der winzigen, schwarzroten Kirschen ist süßlich und nicht besonders dick.

Die **Wildpflaume** (*Prunus insititia*) ist ein kleiner Baum ohne Stacheln. Die Hybridform des Pflaumenbaumes wird zwischen vier bis acht Meter hoch. „Insititia" bedeutet „durch Pfropfen veredelt". Aus dieser Wildpflaume wurden unsere Pflaumen, Reineclauden und Mirabellen gezüchtet. Ihre Blätter sind elliptisch und an der Unterseite flaumig, ihre weißen Blüten sind häufig Zwillingsblüten. Die eiförmigen Pflaumen sind meist blauschwarz oder gelb mit roten Tupfen.

Der **Holzapfel** (*Malus sylvestris*) wird etwa 10 Meter hoch und trägt eng anliegende, teilweise stachelige Zweige. Er wird relativ alt und wächst langsam. Diese Art dient als Unterlage bei der Veredlung zu robusteren Formen. Die graubraune, senkrecht gefurchte Rinde blättert. Die einfachen, bartlosen, wechselständigen, spitz zulaufenden, ovalen Blätter haben gesägte Ränder und eine behaarte Unterseite. Die weißen Blüten mit rosafarbenen Tupfen bilden sich als Doldentrauben und verströmen einen intensiven Duft. Die kleinen, gelbgrünen Äpfel wachsen an langen Stielen und schmecken auch in reifem Zustand sehr sauer.

Der **Wildapfel** (*Malus communis*) wird mit bis zu 15 Metern etwas größer. Ein kurzer Stamm und eine abgerundete Krone unterscheiden ihn im Wuchs vom Holzapfel, und er hat keine Stacheln. Er dient als Unterlage bei der Veredlung zu kleineren Formen, die als Spalierobst verwendet werden. Diese Art hat kürzere Blattstiele. Die Blätter sind zunächst beidseitig behaart. Seine Früchte sind größer und schmecken süßlich.

Die **Wildbirne** (*Pyrus pyraster*) kann höher als 15 Meter und älter als 200 Jahre werden. Sie entwickelt eine lang gestreckte, nahezu pyramidenförmige Krone. Die am Blattgrund abgerundeten, fein gekerbten, dunkelgrünen Blätter sind an der Unterseite etwas heller und wachsen an einem langen Blattstiel. Die weißen Doldentrauben duften unangenehm stark. Die kleinen, bartlosen, gelben, fast kugelförmigen Birnen schmecken bitter.

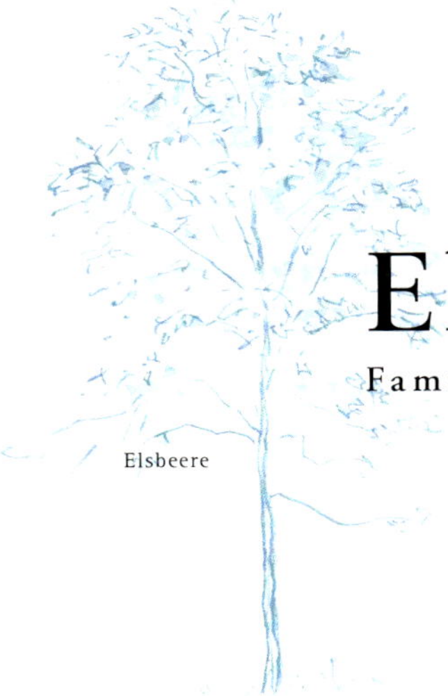

Elsbeere

Elsbeere und Vogelbeere

Familie der Rosaceae, Gattung *Sorbus*

Elsbeere und Vogelbeere (Eberesche) sind die Minnesänger der Wälder. Schlicht und fröhlich gedeihen sie querfeldein, fern der Umzäunungen, hinter denen die bürgerlichen Obstbäume stehen. Großzügig bieten sie jedem Passanten ihre kleinen Beeren an. Ihr säuerliches Fruchtfleisch scheint die Vögel zu Gezwitscher in hellsten Tönen zu verführen.

Als die Tische einst nicht so reichlich gedeckt waren, verschmähten auch die Menschen diese Beeren nicht. Sie machten den Tieren des Waldes Elsbeeren, Vogelbeeren und Speierlinge streitig und nannten so auch die Bäume, auf denen diese wachsen. Heutzutage kümmern sich nur noch die Förster um sie, die dafür verantwortlich sind, den wertvollen Artenreichtum der Wälder zu erhalten.

Diese Bäume sind schüchtern und zurückhaltend. Das Vordringen dominanter Baumarten lässt sie zurückschrecken. Vereinzelt verstecken sie sich im Unterholz, tauchen in Lichtungen auf, weitab aller Pfade frisieren sie heimlich ihre mit Blüten gefüllten Kronen. In Legenden kommen sie nicht häufig vor, auch wenn ein Dichter und Botaniker aus dem 17. Jahrhundert schrieb, die Mehlbeere sei zuvor eine Nymphe gewesen. Sicher dachte er an Lotis, die in eine Pflanze verwandelt werden wollte, um dem Phallus des Gottes Priapos zu entkommen. Den Gelehrten nach soll es jedoch Lotus oder ein Judasbaum gewesen sein.

Im Volksmund geht bekanntlich nichts verloren und so bekam auch die Elsbeere ihren Platz in der Überlieferung. Schon die Kelten und die Germanen schrieben den Ebereschen magische Kräfte zu. Dämonen und Hexer fürchteten ihre Zweige. Sie waren Bestandteil von Riten, die der Hellseherei dienten, wurden bei der Suche nach wertvollen Metallen verwendet und halfen, Diebe fernzuhalten. In gebogener Form schützten sie Ziegen vor dem bösen Blick.

Wie in vielen anderen Fällen hatte auch die Schlemmerei keinen geringen Anteil an ihrer Bekanntheit und förderte diese sogar mehr als die mythologischen Erzählungen. Viele Herzen erwärmten sich für die ausgegorenen Getränke und gebrannten Schnäpse.

Nicht zuletzt auf amtlichen Arzneimittellisten sind die herausragenden Eigenschaften dieser Beeren verzeichnet. Abgekocht, als Tee oder als Kompressen lindern sie eine Vielzahl an Leiden von Hämorrhoiden bis zur Mandelentzündung. Ebereschen enthalten sogar Sorbinsäure, einen antibiotikumartigen Wirkstoff. Ihr botanischer Name *Sorbus* leitet sich von Sorbitol ab, das die Ausscheidungen der Galle stimuliert. Doch man kann beruhigt sein: Obwohl sie so bitter sind, schreckten sie noch nie von der Liebe ab.

Für ihr Holz fand man vielfältige inzwischen bereits in Vergessenheit geratene Verwendungszwecke. Es ist dicht, homogen und sehr feinkörnig, eignete sich also dazu, sowohl stabiles Werkzeug als auch filigrane Gegenstände herzustellen. Nur das Holz der Elsbeere (*Sorbus torminalis*) findet heute als luxuriöses Furnier wieder eine hochwertige Verwendung.

Elsbeere

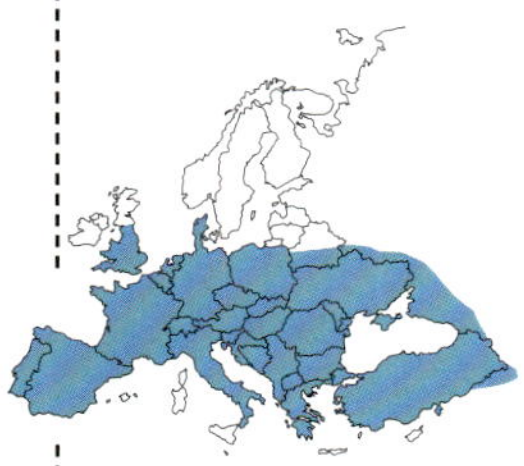

Höhe
10 bis 20 m
Lebensdauer
100 Jahre
Natürliches Vorkommen
Hecken und Wälder
Blütezeit
Mai
Bezeichnung der Früchte
Elsbeeren
Verwendung
Früchte zur Schnapsbrennerei, medizinischer Wirkstoff gegen Durchfall, Holz: Musikinstrumente, Muster, Billiardqueues, Kunstdrechslerei
Sommergrün

Die Elsbeere (*Sorbus torminalis*) ist ein anspruchsvoller Baum, der auf ebenem Gelände wächst. Seine glatte, graue Rinde blättert in feinen Platten ab und wird rissig. Die einfachen, grün glänzenden Blätter sind spitz und gezähnt sowie dreifach gelappt und an der Basis eingeschnitten. Die weißen Blüten bilden sich als filzig behaarte Schirmrispen.

Die Vogelbeere (*Sorbus aucuparia*) ist rustikal und kälteresistent. Sie wächst in Höhen bis zu 2000 Metern und ist kleinwüchsig. Ihre graue, glatte Rinde ist von länglichen Poren (Lentizellen) durchzogen und färbt sich schwarz. Die stachelspitzig gezähnten, gefiederten Blätter sind unbehaart mit flaumiger Unterseite. Ihre Blüten bilden sich in Schirmrispen und riechen unangenehm. Die erbsengroßen, roten Beeren schmecken bitter und sind winterhart.

Der Speierling (*Sorbus domestica*) kann 20 Meter hoch und 500 Jahre alt werden. Die dunkle Rinde ist aufgesprungen und weist längs verlaufende Risse auf. Die Blätter sind blasser, an der Unterseite samtig weich und im unteren Dritten nicht gezähnt. Vor den Beeren erscheinen große weiße Blüten.

Robinie

Familie der Leguminosae, Unterfamilie der Papilionaceae, Gattung *Robinia*

Nein, mit Robin Hood hat die Geschichte der Robinie nichts zu tun. Ihr Namensgeber war ein Gärtner am Hof des französischen Königs Heinrich IV. Zu seinen Verdiensten zählt die Verbreitung der Akazie. Das heißt vielmehr der Falschen Akazie, wie im Folgenden noch gezeigt wird.

Im Jahr 1601 bekam Sire Robin seltene Samen aus England, die er pflichtbewusst aussäte. Einen Ableger der daraus entstandenen Bäume pflanzte sein Sohn 35 Jahre später in den königlichen botanischen Garten in Paris, der zu jener Zeit bereits den Namen Jardin des Plantes trug. Dieser ehrwürdige Baum, der heute rund 400 Jahre alt ist, gilt als Ahnherr aller europäischen Scheinakazien. Vorausgesetzt, die englischen trugen keine Früchte.

Da ihre Stacheln, ihre Hülsen und ihre gefiederten Blätter denen der meisten echten Akazien aus Asien und Australien so sehr ähneln, nannte man sie Scheinakazien oder Falsche Akazien. Beide werden derselben Familie, aber verschiedenen Unterfamilien zugeordnet. Eine echte Akazie ist beispielsweise die Mimose. Zu Ehren des königlichen Botanikers Jean Robin gab Linné den Falschen Akazien im 18. Jahrhundert den botanischen Namen *Robinia pseudoacacia*.

Ursprünglich stammten sie aus Amerika, erfreuten sich jedoch aufgrund ihres Durchsetzungsvermögens und exotischen Charmes sehr schnell großer Beliebtheit und wurden zuerst in Frankreich und bald darauf in ganz Europa in Parks und auf Boulevards zum modischen Baum schlechthin. Nach dieser ersten Begeisterung verdankten sie ihren kräftigen Wurzeln und ihrem schnellen Wachstum ihre Verbreitung entlang der Straßen, Kanäle und Eisenbahntrassen.

In der Überlieferung finden die Falschen Akazien jedoch keine Erwähnung. Das gilt nicht für die echten, die an der Seite des Bergahorn, zu Füßen der ägyptischen Pyramiden grünten. Die Ägypter bauten ihre Schiffe aus ihrem Holz. Die Hebräer verarbeiteten Akazienholz im Allerheiligsten im Tempel von Jerusalem zu ihrem heiligen Schrein. Darin bewahrten sie den Stab des Aaron auf, eine Schale mit Manna und die steinernen Tafeln mit dem Dekalog, den zehn Geboten. Die Akazie lieferte nicht nur das Holz für die Bundeslade, sondern auch für die Dornenkrone Christi.

Nach dem Mord an Hiram, dem von König Salomon beauftragten Architekten des Tempels von Jerusalem, wurde der Akazienzweig schließlich zum Symbol in den Riten der Freimaurerloge. Denn da er sich aus der Erde erhob, in der die Toten ruhen, wies er den Weg zur Wahrheit.

Die Falsche Akazie spielte zwar in der biblischen Tradition keine Rolle, doch dafür schätzten Karosserie- und Wagenbauer ihr hartes, robustes Holz sehr, das im übrigen auch als Brennstoff geeignet war. Man verarbeitete es zu großen Haken für die Waffenlager der Marine sowie zu Pfeilern und Rebpfählen.

Zur Familie der Hülsenfrüchtler (*Leguminosae*) zählen mehr als 12 000 Arten, darunter Pflanzen von krautigem und strauchigem Wuchs. Zur Unterfamilie der Schmetterlingsgewächse (*Papilionaceae*) gehören etwa 10 000 Arten.

Die **Robinie** oder **Falsche Akazie** (*Robinia pseudoacacia*) bildet eine Krone aus einem lockeren und gewundenen Astwerk. Besonders die jungen Triebe haben sehr spitze Dornen. Der Baum ist sehr langlebig und kann drei Jahrhunderte überleben. Robinien sind sehr robust, bevorzugen aber leichte Böden an nicht allzu trockenen, sonnigen Standorten. Sie gehören zu den Pioniergehölzen. Ihre graubraune Rinde bekommt längliche Risse und ist tief gefurcht. Die wechselständigen, unpaarig gefiederten, glatten, hellgrünen Blätter entwickeln sich spät. Sie setzen sich aus sieben bis 19 länglich-elliptischen Fiedern zusammen. Ihre weißen Blüten bilden sich in Trauben, besitzen Nektarien und verströmen einen süßlichen, honigartigen Duft. Aus jeder Blüte wächst eine lange, flache Hülse, die etwa zehn dunkle bis schwarze Samen enthält.

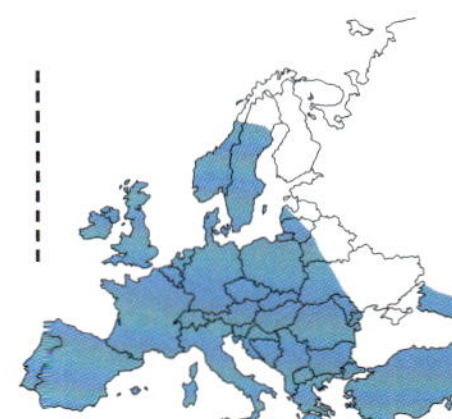

Höhe
10 bis 25 m
Lebensdauer
100 bis 300 Jahre
Natürliches Vorkommen
Passt sich an alle Bedingungen in geringen Höhen an
Blütezeit
Mai bis Juli
Bezeichnung der Früchte
Hülsen
Verwendung
Nektarhaltige Pflanze, Tierfutter, Blüten mit stärkenden, beruhigenden und krampflösenden Wirkstoffen, Rinde mit abführenden Wirkstoffen, Holz: Rebpfähle, Pfähle, Schwellen
Sommergrün

Bergahorn

Feldahorn

Ahorn

Familie der Aceraceae, Gattung *Acer*

Nicht nur ein Pfau dreht voller Stolz sein Rad. Der Ahorn beeindruckt zwar nicht durch ein buntes Gefieder, doch die Metapher passt auf sein schön gemasertes, helles Holz. Seit der Antike verwendeten es Meister des Intarsienhandwerks, um wertvolle Möbel mit prächtigen Mustern zu verzieren.

Der Herbst entlockt den Violinen lange Schluchzer, denn der Bergahorn liefert hervorragendes Klangholz und wird zu Resonanzböden für Streichinstrumente verarbeitet. Auch der Baum weint im Wind, wenn die Blätter wie geöffnete Hände ihren süßen Saft abgeben. Deshalb zogen die Menschen der Antike dem Ahorn andere dekorative Gehölze vor: insbesondere die Platane, die nicht so fatal bleich war.

Die Griechen widmeten den Ahorn, der den blutigen Tod symbolisierte, Phobos, dem Sohn des Kriegsgottes Ares. Mit seinem Bruder Deimos begleitete er seinen Vater auf die Schlachtfelder. Phobos verkörperte die Niederlage, Deimos den Angst und Schrecken. Doch dieser zweifelhafte Ruf scheint die griechisch-römische Vergangenheit nicht überdauert zu haben.

Die Chinesen betrachteten den Ahorn mit Wohlwollen. Der Gleichklang seines Namens mit einem Verb von der Bedeutung „jemandem die Ehre erweisen" verlieh ihm einen anderen Symbolwert. So kam das Ahornblatt sogar auf die kanadische Flagge, um die Einheit der Nation zu symbolisieren. Kanada gehört zu den Ländern, die die größte Menge des köstlichen, bernsteinfarbenen Ahornsirups ernten. Und auch wenn die Störche im Elsass und in Deutschland Ahorn unter das Geäst ihrer Nester mischen, damit die Fledermäuse ihre Eier nicht naschen, glaubt heute niemand mehr an eine verhängnisvolle Wirkung der herbstlich rot gefärbten Ahornblätter.

Immer noch problematisch ist eher die Namensgebung. Es scheint, als hätten die Botaniker dem Ahorn nicht die kleine Freude gegönnt, sich einfach Ahorn nennen zu dürfen, so wie eine Katze zu Recht Katze heißt. Der Bergahorn wurde zunächst nach einer ägyptischen Feigenart mit ähnlichen Blättern benannt. Und der botanische Name *Acer pseudoplatanus* machte zu allem Überfluss aus dem Ahorn eine falsche Platane. Wahrscheinlich hatte Linné gerade schlechte Laune. Der Spitzahorn, dessen wissenschaftliche Bezeichnung *platanoides* den Namen der Platane verkürzt enthält, kam nicht wesentlich besser davon.

Bergahorn

Wie zum Spott glaubte man, einer seiner Parasiten, die Spanische Fliege, sei ein Allheilmittel gegen Potenzschwierigkeiten. Diesen Käfer, der in der freien Natur das Schauspiel leidenschaftlicher Begattungsakte bietet, verwendeten Apotheker als potenzsteigerndes, giftiges Pulver und Aphrodisiakum.

Doch schauen die wundervollen Ahornbäume nicht von oben zu uns Menschen hinunter? Als Bonsais zu Zwergen geworden, können sie uns allerdings auch von sehr weit her betrachten. Aus der Entfernung ihrer fünfzig Millionen Jahre alten Geschichte.

Bergahorn

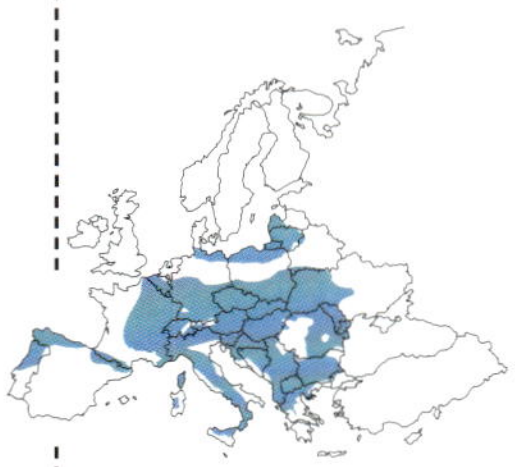

Höhe
20 bis 30 m
Lebensdauer
300 bis 500 Jahre
Natürliches Vorkommen
In Waldlichtungen, an Böschungen und in Hanglagen bis zu 1800 m, an Flussufern
Blütezeit
Mai
Bezeichnung der Früchte
Zweiteilige Flügelnüsse
Verwendung
Nektarhaltige Pflanze, Furniere, Zeicheninstrumente, Werkzeuge
Sommergrün

Feldahorn

Blatt und Frucht

Flügel der Flügelnuss

Die Familie der Ahorngewächse (*Aceraceae*) umfasst 115 Arten der Gattung *Acer*. Sie sind robust und gehören zu den Pioniergehölzen. Am weitesten verbreitet sind der **Bergahorn** (*Acer pseudoplatanus*), der **Feldahorn** (*Acer campestre*) und der **Spitzahorn** (*Acer platanoides*).

Der **Bergahorn**, auch **Falsche Platane** oder **Weißholz** genannt, ist mit seinem aufrechten Stamm und seiner eiförmigen Krone der größte der Familie: Er erreicht eine Höhe von mindestens 30 Metern, wächst schnell und kann älter als 400 Jahre werden. Er ist sowohl im Gebirge als auch auf dem flachen Land verbreitet. Seine Stämme können sehr dick werden. Er bevorzugt ein feuchtes Klima und nährstoffreiche Böden. Die gelbliche Rinde schält sich in großen Schuppen ab. Die gegenständigen dunkelgrünen Blätter sind lang gestielt, haben eine fünflappige Spreite und sind bis zur Hälfte eingeschnitten. Ihre Unterseite ist heller und behaart. Ihre grünlichen Blüten hängen in dichten Trauben an den Zweigen. Die Früchte wachsen symmetrisch als zweiteilige Flügelnüsse mit zwei, weit nach außen zeigenden Flügeln.

Der **Feldahorn** wird selten älter als 100 Jahre und meist auch nicht höher als 15 Meter. Er wächst auf flachem Land und gedeiht sowohl im schattigen Unterholz als auch in voller Sonne. Er ist dicht verzweigt und hat eine rundliche Krone. Die Zweige bilden oft Korkleisten. Die graubraune, längsrissige Rinde bildet tiefe Spalten. Die kleinen, hellgrünen Blätter haben einen sehr langen Blattstiel, gliedern sich in fünf Lappen und sind an der Unterseite fein behaart. Die Blüten bilden sich in grünlichen Rispen. Die Flügel der häufig behaarten Teilfrüchte bilden eine Horizontale.

Der **Spitzahorn** ähnelt dem Bergahorn, ist aber kleiner und hat einen schlankeren Stamm und eine lichtere Krone. Verbreitungsgebiete und Ansprüche der beiden Arten unterscheiden sich kaum. Der Spitzahorn ist sehr dekorativ. Man erkennt ihn leicht an seiner Rinde, die rissig wird, aber keine Schuppen bildet. Die langen Blätter haben fünf weit bogig gezähnte Lappen und glänzen an der Oberseite dunkelgrün. Die zweiteilige Flügelnuss hat flache Nüsse und waagerecht verlaufende Flügel.

Feldahorn

Rosskastanie

Familie der Hippocastanaceae, Gattung *Aesculus*

Rosskastanie

Jeder hat die Blätter und Früchte der Kastanie schon im Biologieunterricht untersucht und kann sich noch an das Gefühl erinnern, die Taschen gerade mit einer reichen Kastanienernte gefüllt zu haben. Kastanien schmiegen sich in die Hände, als seien sie hocherfreut, ihre Bekanntschaft zu machen. Kinderaugen lassen sie strahlen. Oder verleiht vielleicht das Licht aus den weit geöffneten Augen erst der Kastanie ihren Glanz?

Diese für Menschen ungenießbare Frucht hat etwas nutzlos Verführerisches, dem sich kaum jemand entziehen kann. Da sie für den Kochtopf nicht taugte, profitierte sie von den Vorteilen des Aberglaubens. Als suchten sie einen Vorwand, ihre kindlichen Gewohnheiten nicht ablegen zu müssen, steckten die Menschen sie in ihre Kleidung und glaubten daran, dass sie Verletzungen abwende.

Während der napoleonischen Kontinentalsperre von 1806 verwendeten Ärzte die Rinde der Rosskastanie als Ersatz für die zuvor aus Peru importierte Chinarinde. Ein Esslöffel alkoholischer Tinktur der Rosskastanie in einem Glas zu wildem Chicorée gegeben, half gegen Magenschmerzen. Dass die Rinde dieses Baumes ein wirksames Mittel gegen Kreislaufbeschwerden enthält, wurde wissenschaftlich anerkannt.

Aus ihren Samen gewann man Saponin, einen Bitterstoff, der die Seife ersetzte, und dem man außerdem gewebeentwässernde und schleimlösende Wirkungen zusprach. Hatte man diesen Bitterstoff aus den Kastanien entnommen, verarbeite man sie zu Stärkemehl, das dem aus Kartoffeln glich und als Kraftfutter an Tiere verfüttert wurde. Allerdings nur in kleinen Mengen, da es ansonsten zu Vergiftungserscheinungen kommen konnte. Darauf ist im übrigen der wissenschaftliche Name *Aesculus hippocastanum* zurückzuführen. Der Gattungsname *Aesculus* bezeichnete im Lateinischen die Roteiche, deren Eicheln die Menschen der damaligen Zeit aßen. Der Name der Art bedeutet wörtlich „Kastanie für Pferde“ und erinnert daran, dass Zugpferde früher das Mehl aus gekochten Kastanien zu fressen bekamen.

Rosskastanie

Höhe
15 bis 20 m
Lebensdauer
150 bis 200 Jahre
Natürliches Vorkommen
Wälder an Hängen und auf felsigem Grund
Blütezeit
April bis Mai
Bezeichnung der Früchte
Rosskastanien
Verwendung
Kastanien als Futter für Haustiere und Wild, Verpackungsmaterial, Brandmalerei, Zierpflanze
Sommergrün

Im Jahr 1615 begann die Kastanie ihren Eroberungszug durch Europa. Ein gewisser Bachelier, ein Botaniker der in diesem Jahr aus Konstantinopel zurückgekehrt war, pflanzte den ersten Kastanienbaum in Paris. Unterdessen schmückte der Franzose Charles de Lescluse einen anderen Kastanienbaum ähnlicher Herkunft anlässlich seines 40. Geburtstags im kaiserlichen Garten von Wien. Von der reinen Fantasie geleitet, nannte man diese Bäume damals „Kastanien aus Indien“.

Daraufhin reisten zahlreiche Botaniker dorthin, um sie dort zu suchen und entdeckten dabei am Fuße des Himalaja eine verwandte Art namens *Aesculus indica*. Doch die Kastanie wuchs nie in jenen Regionen der Erde. Ihre Heimat liegt im Balkan und reicht vom Norden Griechenlands bis zum Kaspischen Meer. Jüngere Erkenntnisse bewiesen, dass sie seit dem 3. Jahrhundert in Europa existiert hat. Sie zeigen auch, wie ungern sich Archäologen vor vollendete Tatsachen stellen lassen.

Den Kastanienbaum interessiert dies wenig. Er präsentiert sich in all seiner Pracht, wenn der Frühling sein Gewand verschwenderisch ausstattet und macht Alleen und Promenaden zur Freude der Betrachter alle Ehre.

Die **Rosskastanie** (*Aesculus Hippocastanum*) gehört zur Familie der Rosskastaniengewächse (*Hippocastanaceae*), die über 30 Arten umfasst, die alle wehrhafte Kapseln mit großen Kernen bilden. Davon zählen 25 zur Gattung *Aesculus*.

Der Baum wächst schnell, erreicht eine Höhe von bis zu 20 Metern und ein hohes Alter. Über dem geraden Stamm erhebt sich eine pyramidale Krone mit dichtem Laub, die zum Gipfel hin wie ein Ei geformt ist. Die glatte, graue Rinde wird mit der Zeit rissig. Die Blätter sitzen an einem langen Stiel. Sie sind fingerförmig gefiedert und bestehen aus fünf bis sieben Fiedern mit doppelt-gesägtem Blattrand. Sie laufen spitz zu und sind lebhaft grün und von unten etwas heller. Bei den Blüten handelt es sich um endständige, aufrecht-kegelförmige Scheinrispen vorwiegend männlichen Geschlechts, aber es gibt auch weibliche und zwittrige. Befruchtet werden nur zwittrige Blüten. Für die Bestäubung sorgen Insekten. Die Früchte reifen in einer matten, hellgrünen, stacheligen Kugel. Sie öffnet sich an drei Seiten, um die Samen freizugeben.

Buchsbaum

Familie der Buxaceae, Gattung *Buxus*

Die Karriere des Buchsbaumes begann nicht im Zeichen des Kreuzes, sondern in der Hölle. Ihr Verlauf ist beispielhaft für einen erfolgreichen Neuanfang. Hades, der Sohn des Kronos, wurde von seinem Vater verschlungen, erhielt sein Leben jedoch dank seines Bruders Zeus zurück. Da es ihm auf dem Olymp nicht gefiel, fand man unter der Erde für ihn eine Aufgabe. Gemeinsam mit seiner Frau Persephone thronte er unter dem Gewölbe der Hölle, wo nichts wuchs außer dem unteren Teil der Pflanzen. So widmete ihm das Volk oben auf der Erde den Buchsbaum.

Aber das ist noch nicht alles. Rom bewunderte Kybele, die Schwester und Frau des Saturn, die Mutter der Götter, die Göttin der Natur. Er regierte im Himmel, sie auf Erden. Ihre Priester verehrten sie mit einem orgiastischen Kult, der aus Phrygien stammte. Dabei spielte der Buchsbaum eine Rolle, aus dem sie ihre heiligen Flöten herstellten.

Seine Reise in die Hölle und sein Aufstieg in die Gesellschaft der Kybele verlieh dem Buchsbaum eine symbolische Bedeutung für den Tod und die Unsterblichkeit, versinnbildlicht durch sein dunkles, immergrünes Blattwerk. Wie die Zypresse und die Eibe verwendete man ihn als traditionelle Friedhofsbepflanzung. Für die Gallier repräsentierte er die Ewigkeit. Aufgrund seiner Assoziationen mit Tod und Unheil wurde er zudem zum Symbol der Unfruchtbarkeit. Wenn die Menschen der Antike der Göttin Venus Opfergaben brachten, achteten sie darauf, keinen Buchsbaumzweig hinzuzufügen, aus Angst, ihre Zeugungsfähigkeit zu verlieren.

Das harte und feste Buchsbaumholz stand auch für Bestimmtheit und Ausdauer. Aus Buchsbaumholz bestand der Holzhammer der Freimaurerlogen. Außer Flöten stellte man in früheren Zeiten Peitschen, Kreisel, Kämme und mit Wachs überzogenes Schreibzeug her. Bis heute wird er zu Schachfiguren verarbeitet.

Am Palmsonntag ersetzt Buchsbaum Palmwedel und Olivenzweige, die von der Menge geschwungen wurden, als Jesus auf einer Eselin sitzend in Jerusalem einzog. Damit hält die Kirche an einer Tradition aus dem Orient fest, die den Siegreichen als Geste des Triumphs vorbehalten war.

Die Gärtner betrachteten Buchsbaum aus einem anderen Blickwinkel. Er stand vorbildlich in ihrem Dienst und beugte sich den Gegebenheiten der Rabatten: Er streckte sich, verrenkte sich, wand und verbeugte sich, verlor sich in Labyrinthen und erstarrte zu grob wirkenden Skulpturen. Dienstbereit und klein erinnerte der Buchsbaum in aller Demut an das allgemeingültige Symbol des grünen Zweigs, Zeichen des Sieges, der Regenerationsfähigkeit und Unsterblichkeit. Und in den traditionellen Gärten der alten Pfarrhäuser grünte der Buchsbaum im Schatten hoher Mauern und sein ketzerischer Geruch nach Katzenurin vermischte sich mit dem der Blüten und Steine.

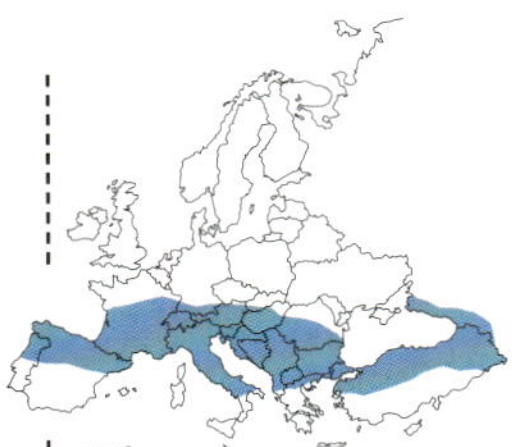

Höhe
1 bis 5 m
Lebensdauer
600 Jahre
Natürliches Vorkommen
Heidelandschaften, Macchia, in Lichtungen von Tannen-, Eichen- und Buchenwäldern in Höhen bis zu 1600 m
Blütezeit
März bis April
Bezeichnung der Früchte
Kapseln mit drei Hörnern
Verwendung
Holz und Rinde enthalten schweißtreibende und fiebersenkende Wirkstoffe, die Blätter wirken abführend, Einlegearbeiten, Spiele, Pfeifen, Zierpflanze
Immergrün

Der **Buchsbaum** (*Buxus sempervirens*, wörtlich: „immergrün") gehört zur Familie der Buchsbaumgewächse (*Buxaceae*). Sein Wuchs ist daher dicht verzweigt. Die dominante, sich schnell verbreitende Art bedeckt manchmal weite Ebenen, wächst aber auch im Schatten anderer Pflanzen. Buchsbaum bevorzugt kalkhaltige Böden, kommt aber auch an anderen Standorten zurecht. In die Höhe wächst er nur langsam. Seine helle Rinde blättert in kleinen Schuppen. Die gegenständigen ovalen Blätter sind fest und an der Unterseite mattgrün. Dem Licht strecken sie eine gewölbte, dunkelgrün glänzende Oberfläche entgegen. Sie erneuern sich ständig. Fünf oder sechs winzige männliche Blüten gruppieren sich am selben Blütenstand um eine weibliche. Die Früchte sind Kapseln mit drei Hörnern, die kleine schwarz glänzende Samenkörner enthalten.

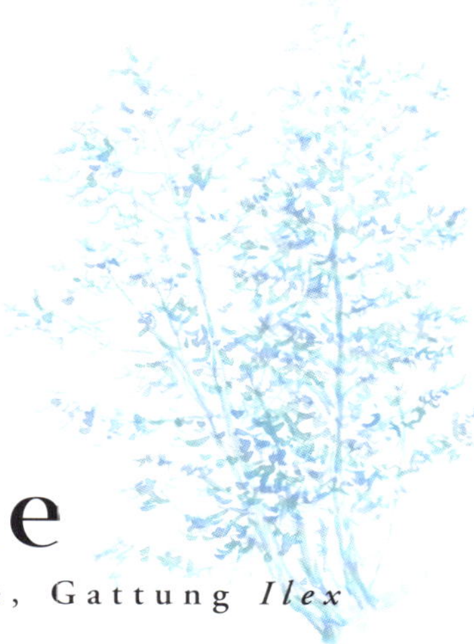

Stechpalme

Familie der Aquifoliaceae, Gattung *Ilex*

Hollywood bedeutet „Wald der Hülsen“ und unter diesem Namen ist auch die Stechpalme bekannt. Wahrscheinlich gab es Hülsen in der Nähe dieses Dorfes, bevor die Filmindustrie es berühmt machte. Die Hülse ist jedenfalls lange ohne eine solche Werbung ausgekommen. Um genauer zu sein, seit der Kreidezeit. Sie hätte die Dinosaurier in die Füße gestochen, wenn sie empfindlicher gewesen wären. Und unter uns: Ein so grüner Baum mit Beeren, die rot leuchten wie die Lippen einer Filmdiva, ist in der Lage, sich selbst in Szene zu setzen.

Allerdings kannte die Stechpalme bessere Tage, als ihre traditionelle Verwendung noch nicht auf dekoratives Geschenkpapier oder auf Weihnachtsschmuck aus Plastikblättern reduziert war. Ihre immergrünen Zweige hat sie mit Mistel, Lorbeer und Buchsbaum gemeinsam, unterscheidet sich von diesen jedoch durch die Härte ihrer Stacheln. Sie spielte eine Rolle in rituellen Handlungen.

Schon die Römer feierten die Wintersonnenwende und schwangen Stechpalmenzweige bei ihren Saturnalien. Sieben Tage lang ruhte die Arbeit, war Zeit für Erholung, Vergnügen und freizügige Sitten. Die Menschen beschenkten sich gegenseitig und kehrten die soziale Ordnung um, sodass die Sklaven ihren Herren befehlen durften.

Der Glanz ihres grünen Laubes machte die Stechpalme zum Symbol für ausdauernde Kraft und Unsterblichkeit. Mit ihren Stacheln bannte sie bösen Zauber und böse Geister. In einigen Gegenden hielt man ihre stacheligen Blattspitzen sogar für Teufelswerk. Diesem Volksglauben gemäß hing man sie an Hauswände und an die Balken der Ställe, wo die bösen Kräfte der Stacheln sich verflüchtigten.

Das Pulver ihrer Blätter und ihre Rinde galten als fiebersenkend. Sie halfen gegen Ödeme und gegen Schmerzen und Erkrankungen der Gelenke. Aus ihren Früchten gewann man ein gefürchtetes Abführmittel. Überall war sie berühmt für den Leim ihrer Rinden, den Vogelfänger benutzten, um ihre Beute zu fangen. Er war auch für Schneckenfallen und als wohltuende Breiumschläge nützlich.

Stolz und distanziert trägt die Stechpalme ihre Stacheln, wie ein feine Dame gelassen ihre Finger mit den langen Nägeln spreizt. Ihr glänzendes Blätterkleid mit seinen funkelnden Perlen wird in seiner Wirkung durch das Raffinement ihres Holzes noch betont. Es ist hart, dicht und feinfaserig; färbt man es schwarz, erinnert es an Ebenholz. So war es auch begehrt bei Kunsttischlern, Drechslern und Möbelschreinern und man verwendete es bei der Herstellung mathematischer Instrumente. Es eignete sich zum Bau von Saiteninstrumenten und eroberte die Welt der Musik. Aber man pflanzte die zum Zurückschneiden nicht weniger gut geeigneten Hülsen auch in französische Gärten und verlieh ihnen die vom Buchsbaum bekannte Form einer Skulptur.

Die **Stechpalme** (*Ilex aquifolium*) gehört zur Familie der Stechpalmengewächse (*Aquifoliaceae*). Die Gattung *Ilex* umfasst in etwa 300 Arten. Das lateinische Wort „Ilex“ bezeichnete ursprünglich die „grüne Steineiche“, deren lederartige Blätter denen der Stechpalme ähnelten, abgesehen von ihren Stacheln. „Aquifolium“ heißt „mit Blattstacheln“. So bezeichnete man sogar das Akanthusblatt an korinthischen Kapitellen. Die Stechpalme ist überall auf der Welt verbreitet. Sie hat dicht verzweigte Äste, eine pyramidenförmige Krone und einen geraden Stamm. Im Unterholz entwickelt sie einen wilderen, buschigen Wuchs und verzweigt sich von der Basis des Stammes. Die glatte, grüne Rinde wird mit zunehmendem Alter grau-gelblich und rissig. Die ledrigen Blätter sind unbehaart und an den Rändern gelappt und stachelig gezähnt. Sie glänzen von oben dunkelgrün und sind an der Unterseite etwas blasser. Sie bleiben drei Jahre an ihren kurzen Blattstielen. Stechpalmen sind zweihäusig und tragen kleine weiße und duftende Blüten. Die tiefroten und giftigen Beeren sind Steinfrüchte mit jeweils vier Kernen.

Höhe
2 bis 10 m, manchmal 20 m
Lebensdauer
300 Jahre
Natürliches Vorkommen
Wälder und Lichtungen
Blütezeit
Mai bis Juni
Bezeichnung der Früchte
Rote Beeren in Trauben
Verwendung
Harntreibende und fiebersenkende Wirkstoffe der Blätter, giftige und abführend wirkende Beeren, Holz für Einlegearbeiten, Verkleidungen, Griffe, Stöcke und Peitschen
Immergrün

Sommerlinde

Linde

Familie der Tiliaceae, Gattung *Tilia*

Am frühen Morgen im Juni erfüllt das Summen der Bienen die Lindenalleen. Abends verströmen sie ihren Duft. Seine Sanftheit kündigt schon den Winter an und den Lindenblütentee mit Honig gesüßt. Fehlt nur noch der Klang von Schuberts melancholischem Lied: „Am Brunnen vor dem Tore, da steht ein Lindenbaum, ich träumt´ in seinem Schatten so manchen süßen Traum."

Ob als altrömisches Blasinstrument (Buccin) oder Klaviertasten, die Linde ist musikalisch. Auch Skulpturkünstler schätzten ihr Holz wegen seiner hellen Farbe sowie seiner zarten und dichten Struktur. Ihre Holzkohle galt als gutes Pulver für Kanonen. Es ist eben nichts perfekt. Immerhin überwog die Liebenswürdigkeit der Linde ihre Kriegsverdienste. Sie gilt als Symbol der Liebe, der Freundschaft und sogar der ehelichen Treue.

Die Kelten sprachen im Schatten der Linde Recht, denn dies war ein Ort der Wahrheit, während ihre duftenden Blüten dem Ort der Gnade entgegen wuchsen. Auch die germanischen Völker betrachteten die Linde als heiligen Baum. Der Legende nach verlor Siegfried seine im Blut des Drachens gewonnene Unverwundbarkeit durch ein Lindenblatt, das zwischen seinen Schulterblättern klebte. Stellte es nicht ein Herz dar?

Überliefert ist auch, Karl der Große habe eine Linde auf jeden Dorfplatz pflanzen lassen. Im Zeitalter Ludwigs XIV. pflanzte man Linden entlang der herrschaftlichen Alleen und an Straßen, die zu Krankenhäusern führten. Später opferte die Französische Revolution sehr viele dieser Bäume für die Freiheit, obwohl die Rinde der Linden das strohartige Material für Fesseln, Bänder, Seile und Kabel geliefert hatte. Die geschmeidigen und haltbaren Bastfasern wurden auch zu Taschen und Matten verarbeitet. Jute stammt im übrigen von einer verwandten Art aus Indien und Pakistan.

Im Verlauf der Menschheitsgeschichte blieb die Linde dennoch vor allem ein heilender Baum. Der Kentaur Chiron, Erzieher von Achilles und Jason und Vater der Medizin, war Sohn einer Nymphe, die sich in eine Linde verwandelt hatte. Von ihr erbte die Linde ihre Talente und ihre Freundlichkeit.

Von der Antike an wussten die Menschen um die Heilkräfte dieses Baumes. Blüten, Rinde und Blätter in Form von Tees, Aufgüssen, Pulvern, Salben und Flüssigkeiten erleichterten Leiden der Augen, der Harnblase und der Nieren, heilten Nagelstiche, Furunkel, Verletzungen und Verbrennungen. Einige Anwendungen linderten die Schmerzen bei Gicht. Aus den gerösteten Blüten und Früchten stellte man Schokolade her. Wie aus dem Ahorn gewann man aus der Linde Zucker.

Von all diesen wirksamen Heilmitteln ist heute nur noch der Tee übrig geblieben. Wahrscheinlich sind die Linden zu liebenswert, denn sie ziehen alle eine Blattlausart an, die ihre Blätter mit einer klebrigen Flüssigkeit überzieht und schwarz werden lässt, sodass klebrige Tropfen herunterfallen. So ziehen sie auch die Flüche der Autofahrer auf sich. Dafür wird sich diese noble Baumfamilie sicher nie darauf beschränken müssen, die Aufgabe der Parkplatzwächter zu übernehmen.

Sommerlinde

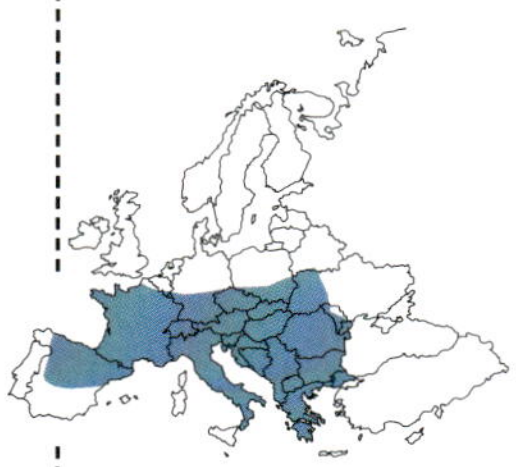

Höhe
20 bis 35 m
Lebensdauer
1000 Jahre
Natürliches Vorkommen
Wälder, Buchen- und Eichenhaine, Felsschluchten
Blütezeit
Juni bis Juli
Bezeichnung der Früchte
Fünfrippige Nüsschen
Verwendung
Nektarhaltige Pflanze, Lindenblütentee, Kunsttischlerei, Skulpturen, Bleistifte, Holzkohle
Sommergrün

Zur Familie der Lindengewächse (*Tiliaceae*) zählen 35 Gattungen mit insgesamt 300 bisher bestimmten Arten. In Europa sind vorwiegend vier Arten verbreitet, die schon auf den ersten Blick familiäre Ähnlichkeit haben. Es sind hohe Bäume mit einer breiten, abgerundeten und dicht verzweigten Krone. Ihr dichtes Laub besteht aus einfachen, zweizeilig angeordneten, herzförmigen Blättern mit langen Blattstielen. Ihre zwittrigen Blüten sind weiß, produzieren reichlich Nektar und sind mit einem flügelartigen Hochblatt verwachsen. Die zunächst sehr glatte Rinde bekommt längliche, mehr oder weniger breite Furchen. Diese Arten sind Waldbäume, die auch vereinzelt und häufig in Parks sowie an Alleen und Straßen anzutreffen sind.

Die **Winterlinde** (*Tilia cordata*) gedeiht im Halbschatten an feuchten Standorten, vorwiegend auf Lehm-, Löss- oder Hangschuttböden. Da sie mit wenig Licht auskommt und gut austreibt, kommt sie auch häufig im Unterholz vor. Sie wächst sehr schnell, bekommt häufig einen ausgehöhlten Stamm und kann bis zu 500 Jahre alt werden.

Die **Sommerlinde** (*Tilia platyphyllos*) ist mit bis zu 35 Meter Höhe eine eindrucksvollere Erscheinung. Diese eher im Gebirge vorkommende Art hat größere Blätter, kräftigere Triebe und stärker duftende, nektarhaltige Blüten. Ihre jungen Blätter und jungen Triebe sind behaart. Diese Lindenart liebt Feuchtigkeit, die sie jedoch eher der Luft als dem Boden entzieht. Sie wächst auch auf felsigen und kalkhaltigen Böden. Es gibt imposante Exemplare, die älter sind als ein Jahrtausend.

Die **Holländische Linde** (*Tilia vulgaris*) auch **Europäische Linde** (*Tilia europea*) genannt, ist eine natürlich entstandene Hybridform aus den beiden zuvor beschriebenen Arten. Sie ist fast immer steril und sehr kräftig, verträgt Trockenperioden und kann 45 Meter hoch werden. Auch weit oben ist ihr Laub außergewöhnlich dicht. Trotz der üppigen Windungen und an Igel erinnernden Kugeln, die ihr Stamm bildet, ist sie ein optimaler Baum für Straßenränder und Alleen.

Die **Silberlinde** (*Tilia argentea*) stammt aus Ungarn. Sie wurde im Jahr 1767 nach England importiert und gegen Ende der französischen Revolution an den Jardin des Plantes in Paris geschickt. Sie ist robuster und wächst schneller als die anderen Arten. Sie hat eine pyramidenförmige Krone und wird sehr alt.

Winterlinde

Gemeine Esche

Esche

Familie der Oleaceae, Gattung *Fraxinus*

Gemeine Esche

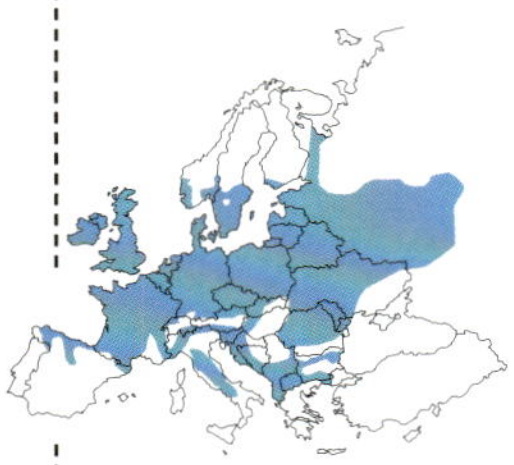

Höhe
20 bis 30 m
Lebensdauer
150 bis 200 Jahre
Natürliches Vorkommen
Nährstoffreiche und feuchte Waldböden, schattige Hanglagen bis 1400 m
Blütezeit
April
Bezeichnung der Früchte
Geflügelte Nussfrüchte
Verwendung
Tierfutter, Verkleidungen, Möbel, Stangen und Ruder, antirheumatische und hustenlösende Wirkstoffe
Sommergrün

Während die Königin Eiche ihre Trüffeln hat, ist die Esche die Herrin der Morcheln. Dieses Zeichen ihres adeligen Stands verleugnet ihre Verwandtschaft mit dem Olivenbaum nicht. Es erhebt den Namen der bekanntesten Art *Fraxinus excelsior* in die Wolken, was nicht weit hergeholt ist, da „excelsior" „in die Höhe strebend" bedeutet. Seine Wurzeln taucht dieser Baum wie viele alte Aristokraten tief in eine ferne Vergangenheit.

Die germanischen und skandinavischen Volksstämme hielten die Esche für den Weltenbaum, der in seinen Zweigen das Universum vereinte, der jede Katastrophe überstand und ein Ort der Fruchtbarkeit war, wo alles Leben wiedergeboren wird. An diesem Baum erlangte der Göttervater Odin die Runenweisheit. In seinem Schatten versammelten sich die Götter wie auf dem Olymp. Und die Esche war auch der Baum des Poseidon.

Die Kelten verehrten die Esche als heiligen Baum. Deshalb fiel sie der Holzfälleraxt der Christen zum Opfer. Doch der Aberglaube hat ein zähes Leben. So erzählt man, dass die irischen Auswanderer im 19. Jahrhundert oft Stücke von einer Esche mitnahmen.

Der heilige Patrick soll mit einem Stock aus Eschenholz alle Schlangen aus Irland vertrieben haben. Damit übernahmen die Christen einen antiken Glauben in ihre Tradition. Der Grieche Dioskurides schwor schon im 1. Jahrhundert n. Chr. auf den Saft aus Eschenblättern als Gegengift bei Schlangenbissen. Plinius der Ältere behauptete, eine Schlange würfe sich eher ins Feuer als durch den Schatten einer Esche zu kriechen. Er fügte hinzu, die wohlwollende Natur ließe diesen Baum erblühen, bevor die Schlangen aus ihren Verstecken kommen, ebenso wie er seine Blätter erst dann verlöre, wenn die Schlangen sich für ihren Winterschlaf zurückgezogen hätten.

Überall streckt die Esche ihre hilfreichen Arme aus. In England war sie dafür berühmt, Kinder zu heilen,

die an Rachitis oder Nabelbruch litten. Ihre Blätter hatten eine abführende Wirkung und linderten Leiden der Leber sowie Rheuma und Gicht. Zudem lieferten sie eine schöne blaue Farbe. Ihre Wunden verschließende und fiebersenkende Rinde verwendete man als Ersatz für Chinarinde.

Alte alleinstehende Eschen, die ihre mächtige Gestalt gen Himmel strecken, beeindrucken durch ihre Eleganz. Dies hinderte die Bauern jedoch nicht daran, ihre Äste zu plündern und ihr Laub den Kühen, Rindern, Schafen und Ziegen zu fressen zu geben. Doch dieses Futter verlieh der Kuhmilch einen unangenehmen Geschmack. Das Holz der Esche ist rosafarben, hart, schwer und dennoch biegsam. Aufgrund seiner Haltbarkeit verwendete man es zum Bau von Wagen, Möbeln und verarbeitete es zu Stielen.

Die Familie der Ölbaumgewächse (*Oleaceae*), zu der vorwiegend Sträucher gehören, hat in Europa zwei große Vertreter, den Olivenbaum und die Esche. Die Gemeine Esche (*Fraxinus excelsior*) und die eher in Südeuropa verbreitete Schmalblättrige Esche (*Fraxinus angustifolia*) gehören zur Gattung *Fraxinus* mit weltweit 70 Arten.

Die **Gemeine Esche** braucht viel Licht und steht lieber allein als in Baumgruppen. Sie ist kälteresistent und bevorzugt tiefgründige Böden, passt sich aber auch an andere und sogar an kalkhaltige Böden an. Nicht selten ist sie an feuchten Standorten gemeinsam mit der Erle anzutreffen. Die großen Bäume mit den hochstrebenden Ästen können über 30 Meter hoch werden. Die graugrüne, glatte Rinde bekommt mit der Zeit Risse und blättert ab. Die gegenständigen Blätter bilden sich spät. Sie setzen sich aus sieben bis 15 Fiedern mit gesägtem Blattrand zusammen. Die Blüten bilden sich vor der Belaubung ohne Kelch und Krone seitenständig direkt am Zweig. Die geflügelten Nussfrüchte hängen in üppigen Trauben nach unten.

Die **Schmalblättrige Esche** wächst im Süden Europas im flachen Land und entlang der Mittelmeerküste. Sie siedelt sich gern am Ufer von Flüssen an und in der Nähe von Ulme und Pappel. Sie ist kleiner, wächst aber schneller. Ihre dicken, ledrigen Blätter entwickeln weniger zahlreiche Fiedern. Sie glänzen dunkelgrün und haben eine behaarte Unterseite. Die Rinde weist tiefere Risse auf.

Olive

Familie der Oleaceae, Gattung *Olea*

Die Olive ist einem besonderen Vogel gewidmet, bei dem es sich um nichts anderes als eine Taube handelt. Feinschmecker wollen davon jedoch nichts wissen und bereiten Oliven in ihren Küchen lieber mit Erbsen zu. Denn der Vogel der Aphrodite hat viel zu zartes Fleisch, um so bitter zu schmecken wie die Früchte der Athene.

Die Tochter des Zeus pflanzte den ersten Ölbaum in der Akropolis von Athen. Zu dieser Zeit wurden in Ägypten und Kleinasien schon lange Oliven angebaut. Fünf Jahrhunderte vor unserer Zeitrechnung berichtete jedoch Herodot, dass es in Griechenland nur an diesem Ort Oliven gegeben hätte. Doch bald darauf verbreitete sich der Ölbaum und gelangte auch nach Italien, von wo aus die Römer ihn auf ihren Eroberungszügen bis nach England brachten.

Im 6. Jahrhundert v. Chr. unter der Herrschaft des letzten römischen Königs Tarquinius Superbus, waren Olivenbäume in Rom noch unbekannt. Zwei Jahrhunderte später berichtete der griechische Philosoph Theophrast, weiter als 50 Kilometer vom Meer entfernt könnten Olivenbäume nicht wachsen, da ihr Holz den Geruch von Salz benötige. Wie aus den Schriften des Plinius aus dem 1. Jahrhundert zu erfahren ist, wuchsen sie jenseits der Alpen bis zur Mitte der Gebiete Galliens und Spaniens. Die Bewohner der Provence jedoch warteten nicht auf die römischen Eroberer, um Oliven zu essen. Hier hatten die Phönizier die Olive schon sechs Jahrhunderte zuvor eingeführt.

Die Griechen hatten diese strauchige Wildform dem Herakles gewidmet, denn bevor dieser die Spiele ins Leben rief, hatte er die Olive von den Borromäischen Inseln nach Olympia gebracht. Einige sind der Meinung, seine Zweige hätten den Sieger des ersten Wettlaufs gekrönt, während andere glauben, mit seinen Blättern seien erst die Sieger bei der siebten Olympiade geehrt worden, und hätten damit die Zweige der Apfelbäume verdrängt. Die Menschen der Antike hielten es für ein schlechtes Vorzeichen, wenn ein Olivenbaum verwilderte. Der Legende nach verwandelte sich eine Platane in einen Ölbaum, als der persische König Xerxes in Phrygien einfiel. Der Ölbaum behielt seine unheilvolle Bedeutung nicht lange und wurde zum Symbol des Friedens, der Fruchtbarkeit und des Sieges.

Obwohl Jesus durch den Verrat des Judas auf dem Ölberg gefangen genommen wurde, symbolisieren Ölbäume im Christentum Unsterblichkeit und Wiederauferstehung und teilten sich mit der Zeder die ruhmreichen Ehren des Kreuzes. Im Eingang zum heiligen Zimmer im Tempel von Jerusalem ließ Salomon Flügeltüren aus Olivenholz anbringen, in die Palmen, Blumen und Engel geschnitzt waren. In der Bibel steht geschrieben, am Abend des 47. Tages sei eine Taube mit einem Olivenzweig zur Arche Noah zurück geflogen, um das Ende der Sintflut anzukündigen.

Der Ölbaum steht für Reinheit und sogar Keuschheit. Früher glaubten viele Menschen, er trüge nur dann reichlich Früchte, wenn eine Jungfrau ihn gepflanzt habe, denn die grüne Frucht hasse die Sinneslust. Andere wiederum waren der Meinung, er fördere die Fruchtbarkeit und die Freude an der Fortpflanzung. So aßen sie viele Oliven und frisch Verheiratete schlugen sich symbolisch gegenseitig mit einem Olivenzweig.

Die Blätter fanden in der Medizin als kräftigendes und fiebersenkendes Mittel Verwendung. Sie enthalten einen Wirkstoff gegen Bluthochdruck. Doch seinen guten Ruf und seine Wirtschaftlichkeit verdankt er seinem Öl, ohne das inzwischen weder rituelle Ölungen noch die mediterrane Gastronomie auskommen. Olivenöl linderte auch die Beschwerden bei einem Kater. Man verwendete es zudem bei der Seifenherstellung und verbrannte es in Lampen.

Das harte Olivenholz lässt sich wunderbar zum Glänzen bringen und ist ein wertvoller Rohstoff für Skulpturkünstler und Kunsttischler.

Höhe
7 m
Lebensdauer
1000 Jahre
Natürliches Vorkommen
Auf trockenen und leichten Böden in warmem Klima und licht-begünstigten Lagen
Blütezeit
Mai
Bezeichnung der Früchte
Oliven
Verwendung
Speisefrucht, Öl, kleine Gegenstände, Decken, Platten, Kisten, Skulpturen, Zierpflanze
Immergrün

Die **Olive** bzw. der **Ölbaum** (*Olea europea*) gehört wie die Esche zur Familie der Ölbaumgewächse (*Oleaceae*), der viele Sträucher zugeordnet werden, zum Beispiel sehr häufig vorkommende Arten wie Flieder, Liguster und Forsythien. Seine Wahlheimat ist die Mittelmeerküste, wo ihn rentablere Rebsorten häufig verdrängen. Daher gehen seine Bestände stark zurück.

Die Natur gönnt diesem Baum nur ein langsames Wachstum, beschenkt ihn dafür jedoch im Alter sehr großzügig. Er entwickelt einen asketischen, stark gewundenen Stamm mit vielen Knoten und kann 1000 Jahre alt werden. Allerdings sinkt seine Lebenserwartung in dem kälteren Klima unserer Breiten. Er braucht Licht, Wärme, einen lockeren trockenen, aber tiefgründigen Boden und erreicht eine Höhe von zehn Metern. Der dicke, gedrehte Stamm bildet eine graue, glatte Rinde, die mit der Zeit rissig wird. Die graugrünen, ovalen, länglichen Blätter mit eingerollten Rändern haben eine schuppig-silbrige Unterseite. Sie sind ledrig und robust. Die duftenden, weißen, zwittrigen Blüten entwickeln sich in kleinen Trauben. Die Frucht ist wenig geheimnisvoll: Es handelt sich um eine ovale, harte, glatte und grüne Steinfrucht, in reifem Zustand ist sie schwarz. Das Fruchtfleisch umhüllt den Kern, in dem sich der Samen befindet.

Papier

Das Geräusch von Papier ist uns sehr vertraut, ähnlich wie das von Wasser oder Wind. Sein Klang hat zwar nichts Fließendes, aber dieselbe Leichtigkeit. Und obwohl es niemals aufbrausend wird und auch nicht durchdringend widerhallt, ist es zu kurzen Wutausbrüchen fähig. Es zerreißt, knistert laut oder knallt. Wie Wasser und Wind unterstreicht der Klang von Papier vor allem die Wirkung der Stille.

Denn trotz all dem, was Papier uns sagt, es spricht nicht viel. Von Zeit zu Zeit seufzt es kaum hörbar beim Umblättern einer Seite, schnaubt leicht, wenn die Seiten einer Zeitung wie Flügel aufgeschlagen werden oder knirscht leise unter einer Feder. Es ist schüchtern und wagt es nur hin und wieder, sich zu räuspern.

Das Wort Papier leitet sich von Papyrus ab, Pflanzen aus der Familie Cyperaceae, die in den Sümpfen Abessiniens und Ägyptens wachsen. Ihre Stängel wurden durchgeschnitten, kreuzförmig angeordnet, flach geschlagen und geglättet, in Zedernöl getaucht und zum Beschreiben verwendet. In Alexandrien entstand ein florierender Handel mit Papyrus. Die ersten Könige in Europa signierten darauf Urkunden und Verträge.

Die Chinesen stellten Papier aus Rinde her sowie aus Hanf, aus altem Tuch und aus Baumwolle. Im damaligen Europa ritzte man in gegerbte Schaffelle, schrieb später auf Büttenpapier und wartete bis zum 19. Jahrhundert, einem papierfressenden Ungeheuer, mit dem Zerkleinern der Wälder, um diesen Appetit zu stillen. Seither liefert der Wald Zellulose für die Papierindustrie.

Buch heißt übrigens auf Lateinisch „liber“. Dasselbe Wort bezeichnet seit ehedem den inneren Teil der Baumrinde. Der Bezug zum Papier ergibt sich, wenn man weiß, dass die Menschen diese Schicht aus weichem Splintholz schon zum Schreiben verwendeten bevor Papyrus überhaupt bekannt war. Die Zeilen eines Buches transportieren also Worte wie die Gefäße eines Baumes Nährstoffe und Wasser. Dieser stumme Gegenstand, der nur durch unsere Lippen spricht und in unserer Vorstellung lebt, hat mit dem wortgewandten wie schweigsamen Baum etwas gemeinsam. Beide bezaubern uns.

Wie könnte ein Leser beim Umblättern der Seiten eines Buches das Rascheln des Windes im Laub überhören oder ein Schriftsteller, der seine Hand über das Papier gleiten lässt, den geopferten Baum vergessen?

Der Baum und das Buch haben versteinerte Herzen. Dennoch sind sie der Ursprung vieler Legenden und Lieder. Während der Baum in den Tiefen seines Stammes die Geschichte unserer Jahreszeiten bewahrt, erklingt in den Kapiteln eines Buches das Echo dieser Welt.

Der Wald ist das Gedächtnis des Baumes. Und das Papier, die Essenz der Vergangenheit, ist das Gedächtnis des Menschen.

Bäume

Am dritten Tag schuf Gott die Gräser und die Bäume. Die Erde war mit grünen Pflanzen bedeckt. Der Herr schenkte ihre Samen und Früchte den Menschen und Tieren. Er ließ in seinem Garten den Lebensbaum keimen. Und die Schlange führte die Frau in Versuchung.

Bäume gehören seit jeher zu unserer Umgebung und wir bemerken sie kaum noch. Mit den Gedanken ganz woanders gehen wir an ihnen vorbei wie an einer Statue auf einem Platz in der Nachbarschaft. Wer würde überhaupt bemerken, dass sie ihren Sockel längst verlassen hat? Und doch entreißt sie eines schönen Tages etwas aus ihrer Anonymität – ein bestimmtes Licht, ein Geruch, ein Missgeschick, eine kleine Begebenheit. Es ist, als bekämen sie ganz plötzlich etwas von ihrem vergangenen Glanz zurück. Auf diese Weise entdecken wir vertraute Dinge wieder, an die sich unsere Augen schon sehr gewöhnt hatten. Dann wird der Baum wieder grün und die Statue steht wieder an ihrem Platz.

Am Rand von Spazierwegen bellen Hunde, muhen Kühe, Vögel fliegen auf. Ein Baum hingegen bemüht sich nicht um unsere Aufmerksamkeit. Er will weder betrachtet noch gestreichelt werden. Er hat keine Augen, in denen die unseren hängen bleiben könnten. Der Baum ist unbeweglich, taub und blind. Er lebt in einer anderen Welt. Zwischen zwei Welten vielmehr: Seine Blätter wirbeln in der Luft, und seine Wurzeln wühlen die Erde auf. Zwischen der Welt der Toten und der Lebenden. Und wer könnte von sich behaupten, genau zu wissen, ob dem Stamm seine Äste oder seine Wurzeln besseren Halt geben? Dieser Säule, die eine Brücke zwischen Finsternis und Licht bildet. Wie stark verzweigt ein Baum auch gewachsen sein mag, stets behält er den Kontakt zu Himmel und Erde zugleich. Während die Erde ihn ernährt, bläst er seinen wertvollen Atem in den Himmel.

Von den Kronen der Bäume blicken vierhundert Millionen Jahre Geschichte auf uns herab. Die Geschichte des sagenhaften Pflanzenreiches, die der des Menschen in nichts nachsteht. Die Baumfarne reinigten eine Luft, die Menschen nicht atmen konnten. Aus diesem Grund verdankt der Mensch sein Leben dieser einst üppig wachsenden Baumart. Unsere Vorfahren verehrten die schönsten Bäume und beteten in heiligen Wäldern wie in Kirchen. Wer heute alles zu wissen glaubt, hat vergessen, dass der Mensch unter einem Baum erschaffen wurde. Wie eine gefallene Frucht. Und von allen Geschöpfen im Paradiesgarten ist er das verrückteste.

Durch Arbeit beherrscht der Mensch alles. Wie er mit Hilfe des Pferdes die erste Blütezeit seiner Eroberungen erlebte, machte er aus dem Holz der Bäume seine edelsten Werkzeuge. So wie Samson, der seine Lebenskraft seinen Haaren verdankte, die sich in langen Wellenlinien über die Wälder legten. Was für eine Schönheit! Welche Venus könnte ihr Haar entbehren?

VERZAUBERUNG

Es war einmal ein tiefer, wilder Wald. Niemand betrat ihn ohne Unbehagen. Und niemand verließ ihn wieder, ohne lange seinem Schatten gefolgt zu sein. Durch das dichte Astwerk über den riesigen Stämmen schienen nur dünne Lichtstrahlen vom Himmel, wie blonde Strähnen in schwarzem Haar. Und der Mond ließ bloß ab und zu eine Handvoll Glühwürmchen hinabfallen. Tagsüber waren nur melancholische Geräusche zu hören. Die kristallklare Stimme der Quellen zerbrach zu kleinen Schluchzern. Das Echo wiederholte monoton die Schläge des Spechts, als sei er ein Geist, dazu verdammt, an Türen zu klopfen. Der Gesang des Kuckucks übertönte das Pendel der Zeit, das plötzlich aus dem Takt geriet. Der leichte Wind trug merkwürdige Selbstgespräche mit sich. Die Nacht ließ ihre großen Wachhunde los, die sich in den Tiefen der Täler verkrochen hatten. Die düstere Meute widmete sich bis zum Morgen ihrer leisen Jagd. Ohne Gebell und Getöse. Nur die Blätter erzitterten im Wind, wenn sie vorbeiliefen. Zu hören war nichts als der Schrei der Eule, die aufflog wie eine betrübte Seele. Der Wald war verzaubert. Die großen Wälder hatten noch keine Ähnlichkeit mit großen Kathedralen. Gewölbt wie eine Krypta erhob sich ihr Blätterdach über geradezu unterirdischen Alleen. Und auf diesen düsteren Pfaden verkehrte eine ganze Welt.

Das Geweih des Hirsches schien mit dem Blattwerk verwachsen zu sein. Das Wildschwein hauste in undurchdringlichen Ranken. Wildkatze und Uhu hingen in den Ästen, ihre Augen leuchteten wie goldene Früchte. Der Wolf meditierte wie ein Einsiedler auf der Schwelle seiner Erdhöhle.

Ein winziges Volk ging eifrig seinen Aufgaben nach. Die Nacktschnecke auf den Bratspieß gesteckt, wie am Ufer eines kleinen Teichs mit den Füßen in der Pfütze baumelnd, rauchte der Gnom seine Heidekraut-Pfeife. Seine Frau streckte sich lasziv auf dem samtweichen Moos aus. Unter dem schlaksigen Röhrling zerkaute der Kobold die Raupe und knabberte an der Schnecke. Die Fee wusch ihr Puppengesicht in der Schale des Reizkers, flocht ihre Krone aus Veilchen und erfrischte ihren Gesang mit einem Minzeblatt.

Wer aber sah die Runde der Kobolde nur? Wer hörte ihr Gekicher und ihr Getrappel, wer vernahm ihre bösartigen Tuscheleien oder ihre Liebesseufzer unter den Farnwedeln? Der Holzfäller erhob seine Axt damals nur am Rand der Lichtungen. Und die Armeen erhoben ihre Gewehre nur auf dem flachen Land, als wenn selbst ihre Götter die einsamen Wälder fürchteten.

Und du, Spaziergänger in den Wäldern von heute, erinnerst du dich manchmal an diese Legenden? Glaubst du hier die Geschöpfe von einst anzutreffen? Kind, erinnere dich an die Geschichten von Menschenfressern, Feen und Zauberern. An die Nächte, in denen sie deine Träume bevölkerten. Und wenn am Nachmittag eine Fliege deinen Schlaf gestört hat, spürtest du niemals jemand anderen an deinem Ohr pusten und über deinem Mund atmen?

Blätter

Der Schulhof hatte einen überdachten Pausenhof, Toiletten und zwei Bäume. Wir spielten zwischen ihren Wurzeln und genossen ihren Schatten. Ohne sie zu beachten, umkreisten wir sie und versteckten uns hinter ihren Stämmen. Wir lehnten uns verträumt gegen sie. Wenn wir erschöpft waren, stützten wir uns daran ab, beide Hände auf ihrer Rinde. Aus Angst zu fallen, umklammerten wir sie fest mit unseren Armen, wenn wir beim Fangen spielen auf der Flucht waren und hinaufkletterten. Bis wir zu den Bäumen hinaufblickten, musste erst der Herbst kommen und seinen Teppich vor uns ausbreiten. Die Bäume auf dem Schulhof beklagten den Verlust ihrer Blätter.

Eines Morgens bedeckte dieses plötzliche Geschenk des Himmels den staubigen Schulhof. Vor dem Unterricht sammelten die Mädchen ganze Sträuße auf, die die Jungen ungeachtet ihrer Protestschreie am liebsten wieder verstreuten. Wenn es läutete, liefen alle auseinander.

Montags vermischte sich der Geruch des Unterholzes mit dem der Kreide und ließ uns die Sonntagsspaziergänge noch in Erinnerung behalten. Unter dem Gewicht der Wörterbücher wellten die gepressten Blätter das Zeitungspapier. Hinter dem Lehrerpult warteten Pilze auf die Biologiestunde.

Manchmal brachte unsere reiche Ernte den ganzen Stundenplan durcheinander. Es war, als habe der Herbst wie ein schelmischer Faulpelz in der Klasse Platz genommen. Alles drehte sich nur noch um ihn, auch Lieder, Gedichte und Zeichnungen. Sogar in den Diktaten tauchten Regenfälle und Sturmböen auf und stellten unserer Rechtschreibung Fallen, ganz wie sie in den bunten Tälern Pfützen hinterließen.

Ich beobachtete oft durch das Fenster, wie der Wind die Blätter von den Ästen stibitzte, und sah die Straßenfeger mit ihren Besen, Schaufeln und ihrer Schubkarrenladung. Ich träumte von den Sonntagen und den Wanderungen durch die Wälder. Die Wege waren von einer trockenen, knisternden Blättermasse bedeckt, durch die ich meine Füße schleifen ließ. Aus diesem Gewirbel stieg an manchen Tagen ein betörender Duft auf, an anderen roch es nur schwach wie nach Tee.

Eine belehrende Stimme lenkte meine Aufmerksamkeit sehr bald wieder auf die Seiten des Schulbuches. Der Gedanke, dass Papier aus Bäumen besteht, kam mir dabei nie. Und ich bemerkte auch nicht, dass meine Feder manchmal gegen Holzfasern stieß, so wie wir beim Rennen auf dem Schulhof über ihre Wurzeln stolperten. Wie einem aufgeschürften Knie entwichen ihr winzige Tropfen blauen Blutes.

Und im Leben? Was verliert nicht seine Blätter? Was fliegt nicht davon oder fällt herab? Liebe und Jugend kommen, gehen und bleiben für immer bestehen.

Unterholz

Schaut man in ein Nachschlagewerk, ist das Unterholz als Vegetationsschicht unter dem Blätterdach der Waldbäume definiert, und im übertragenen Sinn wird es als Dickicht bezeichnet. Von seinen Farben, Düften und Geheimnissen ist jedenfalls nie die Rede.

Das Unterholz trieft vor morbiden Gerüchen. An keinem anderen Ort riecht es stärker nach Erde, nirgends ist mehr über das Leben zu erfahren, denn hier mischt sich das zarte Aufblühen mit der Ohnmacht des Verfalls. Das Blatt verwest. Das Wasser fault. Das Holz zerfällt zu Erde. Die Schimmelpilze weben ihr Geflecht. Die Flechten überziehen die Äste und pflanzen sich endlos fort. Das Moos schwappt wie eine Welle über das Felsgestein und spritzt an den Bäumen hoch.

In diesen Gärten voller ungesunder Dämpfe erheben sich die Hüte der Pilze mit ihren weichen Körpern aus dem Boden und richten kleine Haufen auf. Die Schnecke gleitet über einen silbrigen Pfad. Und eine ganze Schwarzkäferarmee durchschreitet die unterirdischen Gänge mit ihren tausenden Füßen. Wie ein schelmischer Gnom erscheint plötzlich unter den Blättern ein Pilz. Schön, fröhlich und glänzend. Den Fuß fest auf dem Boden, den lustigen Hut zur Seite geneigt. Pilze gehören zu den wichtigsten Lebewesen im Unterholz, ihre flüchtige Erscheinung erinnert an die ewig huschenden Gespenster.

An unsere Funde im Unterholz haben wir ganz besondere Erinnerungen: Wir kennen das Gefühl, einen Steinpilz am Fuß abzuschneiden, ihn unter die Nase zu halten, die Augen zu schließen, ihn danach zwischen den Fingern zu zerreiben und an ihnen zu riechen, damit ja nichts von seinem Duft verloren geht. Wir füllten unsere Körbe mit Pfifferlingen und tauchten sanft unsere Hände hinein, ertasteten ihre seltsame Beschaffenheit, weder Fleisch, noch Fruchtfleisch, aber frisch und sanft wie die duftende Haut einer Frau.

Im Vorbeigehen streiften wir die zierlichen Kaiserlinge, den Zweispitz des Täublings, den vom Wind umgedrehten Schirm des Reizkers. Und wir betrachteten die schamlose phallische Aufrichtung wie eine Säule im Tempel des Priapus.

Und um das zarte Pilzfrikassee schließlich zu begießen, stiegen wir in den Weinkeller hinab, der unter den Häusern lag wie das Unterholz unter der Kronschicht der Bäume. Wir wählten eine große Flasche aus. Mit der Nase über dem Glas schlossen wir nochmals die Augen. Der Geruch der Erde stieg empor, von Blättern, Früchten, Schimmel und Pilzen, von Sonnenstrahlen und Regengüssen. Der Wein bewahrte die so wertvollen und flüchtigen Gerüche eines Herbstes, der längst für immer vergangen war. Und die Pilze auf dem Teller dampften wie Nebel am Morgen.

Bei Tisch bekommen wir eine passendere Definition des Begriffes Unterholz als in einem Lexikon.

Balken

Wir verbrachten die Ferien in einem Landhaus. Als ich mich endlich von den Ängsten des Kleinkindalters befreit hatte, schlief ich mit meinen Schwestern in der Scheune. Außer unseren Betten füllten dort nur Holzbalken die Leere und durch ein paar Klappfenster drang etwas Licht.

Wenn ich an diesen Speicher denke, erinnere ich mich auch an Dachziegel von unten, den Sommer, seine Lagerfeuer und seine Lichtstrahlen, in denen der Staub tanzte. Und seither erinnert mich solches Gebälk an diese langen Tage voller Freiheit. Überhaupt, wer hätte keinen Speicher in den Tiefen seiner Erinnerung?

Mit all seinem Durcheinander, seinen armseligen Schätzen, wo die Vergangenheit sich im Zwielicht betrachtet. Wer vergäße dieses dunkle Gebälk? Die trabenden Schritte der Mäuse eilten darüber hinweg und die Würmer durchbohrten es mit Löchern, durch die das Mondlicht in kleinen Kreisen fiel.

Josef von Nazareth, der von David abstammte, war Zimmermann. Heute noch fördert er vorbildlich den Ruf dieser alten Zunft. Ihre Mitglieder betätigten sich im Altertum zunächst als Wagenbauer, indem sie einzelne Holzteile zu einem Gefährt zusammensetzen. Doch Zimmermänner vollbrachten noch viele andere Werke, da schließlich jeder Bau ein tragendes Gerüst erforderte.

Aber meistens befinden sich die Balken auf den Dächern. Und wer zufällig auf eine Baustelle kommt, entdeckt oft in sich selbst einen begeisterten Baumeister. Der Glanz von frischem Holz spricht uns an, als sei er ein alter Freund. Soviel Ordnung und Vertrautheit beruhigt uns.

Die Romantiker schwärmten für Ruinen. Diese Vorliebe entsprach nicht dem, was allgemein als gefällig galt. Ruinen symbolisierten sowohl die Unordnung als auch den geordneten Lauf der Dinge: Flucht, Krieg, Brand. Den allgegenwärtigen Verfall, dem Menschen und Bäume entgegengehen. Bis in die Gebirge. Auch Häuser, von denen die Dachziegel stürzen, geben die Sicht auf die Dachsparren frei wie ein Leichnam das Skelett. Schwarz verkohlte Balken brüllten in den Qualen des Feuers. Während der Herbst die Früchte und Blätter von den Bäumen fallen lässt und uns weder erschreckt noch zum Widerstand aufwiegelt, bleibt es den wüsten Zeiten überlassen, die Dächer zu zerstören.

Der Balken ist das A und O aller Werke aus Holz. Ein harmonischer Chor der Stille. Er erklimmt Gipfel und ragt von dort empor. Er erhebt seine Arme und hält sein Gleichgewicht wie ein Seiltänzer. Und wie ein Baum das Blätterkleid trägt er die Dachziegel.

In seiner Takelage beben nur kleine Segel, in denen behaarte Spinnen fasten. Nur der Nachtfalter flattert, wenn sich die einsamen Stunden hier niederzulassen scheinen. Spuren hinterlassen sie nicht.

Wälder

Es gibt zwei Wälder. Einen, in dem unsere Schritte zu hören sind, solange der Teppich aus Moos, Kräutern und faulenden Blättern ihren Klang nicht erstickt, und dessen Blätter wie das Dach einer sehr alten Hütte einige verführerische Lichtstrahlen vom Himmel durchscheinen lassen. Und einen anderen, der seine Wurzeln und seine Finsternis in unsere tiefsten Fantasien eintaucht. Dorthin fällt nicht der blasseste Strahl des Mondlichts

Unter den Füßen der Menschen liegen Jahrtausende alte Wälder. Ihre Asche düngte die Felder. Jahrhunderte lang wurden Wälder aufgeforstet, abgeholzt und angepflanzt wie Weinstöcke. Diese finsteren Horden, die mit Äxten gefällt wurden, erheben sich manchmal in unserer Erinnerung. Und auch die Wälder, die wir selbst angelegt haben, erinnern an vergessene Erlebnisse.

Wer verspürt keine uralten Ängste, wenn am Abend die brave Herde unserer domestizierten Bäume in dunkle Nacht gehüllt wird? Wer fühlt sich dann nicht wie ein Eindringling, wie an den ersten Tagen der Menschheit? Wer beschleunigt nicht seinen Schritt? Gehetzt, wie jemand, der sich in der Vergangenheit eines Verbrechens schuldig gemacht hat, und von den Schreien der Opfer verfolgt wird. Doch die Verzweiflung ist keine pflanzliche Regung. Und wenn die Menschen die Schatten der Dunkelheit mit Schwermut assoziieren, so ist Grün die Farbe der Hoffnung.

Lange vor den Amphibien verließen die Pflanzen die Gewässer und kletterten die Ufer hinauf. Sie sind Millionen Jahre alt, wuchsen und bedeckten die Erde. In der Nacht allen Ursprungs machten ihnen nur die Fische diese Herrschaft streitig. Mit der blühenden Magnolie begann vor 100 Millionen Jahren in den Koniferenwäldern die Geschichte der Laubbäume. Nur den Ginkgobaum gab es bereits 250 Millionen Jahre zuvor. In Hiroshima war er der erste Baum, der wieder grünte.

Die Geschichte der Wälder gleicht den Eroberungen einer Armee, ihren Angriffen, Aufmärschen, Siegeszügen und strukturierenden Eingriffen. Wälder sind plötzlichen Erdrutschen ausgeliefert, Dürreperioden, Eiszeiten, Überschwemmungen sowie Lava- und Ascheregen. Versteinerte Wälder, Ablagerungen aus dem Karbon, zeugen als Fossilien von legendären Zeiten, in denen der Baum Leben, Tod und Wiederauferstehung erfuhr.

Alles auf der Erde geht vorbei und alles ist in Bewegung. Der Baum erstarrte zur Unbeweglichkeit. Aber der Wald ist in der Lage, sich in Bewegung zu setzen.

Wurzeln

Der Mensch vermag nicht, an einem Platz zu bleiben. Auch das unterscheidet ihn von den Bäumen. Ansonsten versucht er, ihnen ähnlich zu sein, und schätzt die würdige Erscheinung dieser Riesen. Er steht immer aufrecht, ist oft mimosenhaft, hat abwechselnd einen schweren Schädel, einen hölzernen Dickkopf oder raspelt Süßholz und spaziert mit einem vor lauter Geltungsdrang wie ein Stamm angeschwollenen Oberkörper herum. Die Suche nach seinen Wurzeln bringt ihn dazu, seinen Namen an den Zweigen der Stammbäume anzubringen, wie seine frühen Vorfahren ihre Waffen und ihre Schilder an die Eichen hängten.

Die Heimat, die er für sich beansprucht, bezeugt einmal mehr, dass er nicht an seine Ursprünge glaubt. Denn er gehört zur Erde wie der Schlamm auf den Wegen. Und wenn der Sensenmann ihn holt und seinem Leben ein Ende bereitet, bringt sein Schicksal ihn eines Tages zu den anderen Wurzeln zurück. Nur nach dem Tod begibt sich der Mensch unter die Erde. Doch die Erde klebt sein ganzes Leben über an seinen Schuhen. Und wer denkt schon bei Spaziergängen an schönen Sonntagen daran, dass ihn unter seinen Füßen eine kleine Welt belauert und auf ihn wartet? Dort verlaufen die Wurzeln, von denen man aus Büchern weiß, dass sie den Baum nähren und an seinen Standort binden.

Die Bewegungen der Bäume sind für uns unsichtbar. Wir streichen sanft über die Stämme, sehen die Äste wachsen, hören die Blätter im Wind rauschen. Die Wurzeln aber dringen durch Löcher, Gräben, Spalten und Gänge und sind in Gräbern häufige Gäste. Sie sind an allen dunklen Orten. Der Anblick der schmucken Zweige lenkt von ihren geheimen Machenschaften ab. Und die Erde, die sie wie ein Bauch verschlingt, schützt diesen Haufen Eingeweide vor neugierigen Blicken.

Deshalb ruft ein umgestürzter Baum Prostest und Bestürzung hervor. Die Tage nach einem Sturm zeigen uns ihre kläglichen Versuche, zu entkommen: abgeschlagene Bäume auf einer überstürzten Flucht. Ein entwurzelter Baum zeigt jedem Passanten, was das Leben normalerweise verbirgt und er entdeckt die Unverfrorenheit des Todes.

Die tauben Verzweigungen der Wurzeln sind wie eine Antwort auf das Flechtwerk der Äste in der Luft. Sie setzen das leichte und säuselnde Laub nach unten fort. Ein musikalisches Ohr hört sie im Chor singen. Und wer neugierig ist, sieht genau hin. Zwischen den gewundenen Pfaden wimmeln und kriechen winzige Lebewesen herum. Die Grille lässt ihren bezaubernden Gesang ertönen. Der Maulwurf knabbert an Glühwürmchen. Und Ameisen schleppen einen Schmetterling mit zerrissenem Flügel zu ihrem Bau.

Zwischen den Wurzeln steigt der Geruch der Erde empor wie der Duft von Frauenhaaren. Diese Haarpracht der Finsternis wird weder morgens gekämmt, noch erstrahlt sie im Abendlicht. Nur der Regen benetzt sie mit seinen Perlen und bringt ihr ein Stück Himmel.

FEUER

Am Anfang war das Feuer, das die Erde formte. Stürme peitschten die Wasseroberfläche auf, die rot war und rauchte. Der Ozean bedeckte das Feuer und die Vulkane versanken darin wie mit Federbüschen geschmückte Schiffe. Die riesigen, aus der Erde emporragenden Kontinente wurden um so schneller wieder in die Tiefe gerissen. In diesem Gewirbel erhoben sich neue Gebirge, die plötzlich die Meere austranken als seien es Pfützen. Endlich ward die Hölle für immer unter die Erde verbannt.

Irgendwo tief in seinem Inneren bewahrt der Mensch eine Spur der unglaublichen Erinnerung an die ersten Lebewesen, die in der Ursuppe wimmelten. Aus diesen Abgründen, die noch nicht von der Zeit beherrscht wurden, gingen die Pflanzen und Tiere hervor, als das inzwischen träge Feuer sich unter das felsige Gestein verkroch.

Es entzündet seine Fackeln an den vom Himmel gefallenen Bränden. Sie nähren noch immer seine glühende Verehrung und die Flamme seiner Leidenschaft. Seit den ersten Funken des Feuersteins ist es das einzige unter den vier Elementen, das sich selbst hervorbrachte.

Dieser allmächtige Gott, der die ganze Erde in eine rote Glut tauchte, kaute wie ein junger Hund an einem Holzbündel und begann, an den Kochtöpfen zu lecken. Und das Licht der Sterne erhellte die Lampen. Doch das häusliche Feuer, das wie eine Katze schnurrt, kann schneller als ein Raubtier aufspringen und seinen Herrn wie eine Wurst verschlingen.

Waldbrände zeugen von seiner Macht und erinnern daran, dass es vor dem Wasser, dem Gestein und lange Zeit vor den Bäumen die Erde beherrschte. Angesichts dieser gigantischen Glut, ihrem höllischen Atem und unersättlichem Hunger bleibt dem Leben nichts anderes übrig, als davonzulaufen, als ins Wasser zurückzukehren. Und der Baum, in der Erdkrume verfangen, hebt seine Arme und brennt wie eine Fackel.

Der Mensch betrauert diese Wälder, die wie Ruinen auf Aschefeldern stehen wie eine alte Pflegemutter. Seine frühen Vorfahren, die Menschenaffen, die Hände hatten, um sich an den Ästen festzuhalten, hingen in ihrem Geäst. Mit Sicherheit unterstützten die Arme der Bäume sie bei ihren ersten Schritten.

Kamin

Wie auf Kinderzeichnungen hebt sich eine graue Rauchwolke aus dem Kamin von den roten Dachziegeln und dem blauen Himmel ab und repräsentiert häusliches Glück. Früher erhob er sich über dem Raum, in dem das Feuer brannte, während er sich heute auf einen schmalen Rauchabzug und den Schornstein beschränkt, den ich beim Schreiben dieser Zeilen im Sinn hatte.

Schornsteine ohne Rauch sind wie Herzen ohne Leidenschaft. Nichts als ein guter Unterschlupf für Eulen, wo eine Kälte zum Zähneklappern herrscht. Wieso sollte man einen Schornstein betrachten, schwarz und leer wie er ist, nichts herauspustend als einen beißenden Rußgeruch. Nur die Flamme verleiht ihm Schönheit und Leidenschaft. Nur das rissige und moosbewachsene Holzscheit verleiht ihm den Duft nach Sägespänen und Unterholz.

Das Holzscheit riecht gut und entfacht Begeisterung wie ein gerade aus dem Ofen geholtes Brot. Es gleicht noch dem an den Lichtungen und Waldwegen aufgestapelten runden Holz. Es trocknete unter Blechdächern in den Höfen der Bauernhäuser, wo noch viele Holzscheite in schöner Ordnung als Vorräte bereitliegen. Denn die hellen Holzstücke lassen sich stapeln wie Flaschen und bewahren wie sie ihr leidenschaftliches Feuer für den Winter. Noch erinnert es an den Herbst: an die dumpfen Schläge der rollenden Holzscheite, das unter den Hieben in die Seite knirschende, sich spaltende und sich krachend öffnende Holz. An die Sägen, die in einem zischenden Funkenregen aufheulen und das schrille Lied des Eisens und den zerreißenden Schrei des Holzes erklingen lassen.

Wer dreht nicht gern dem leeren Fenster und dem Lärm der Welt den Rücken zu, um das Kaminfeuer zu betrachten, tief in den Sessel geschmiegt, wie ein Knochen in sein Gelenk? Über die Seiten des Buches auf den Knien streichen, sich dem Glatteis der Träumereien hingeben wie man über einen zugefrorenen See gleitet, und schließlich die Seite vom Vortag wiederfinden? Die Flammen flüstern und prusten. Das Holzscheit quietscht, kokettiert und errötet. Sie plaudern wie ein altes Liebespaar. Deshalb sind sie so eine angenehme Gesellschaft. Manchmal zanken sie sich, werfen Flugasche und sprühen Funken, oder sie toben sich mit heftigen Stößen aus. Und hinter dem Feuerschutz lieben sie sich.

Jeder weiß, was passiert, wenn man zu lange wach bleibt. Die Augenlieder werden schwer. Die Nase sinkt wie ein Lesezeichen zwischen die Buchseiten. Und während das Holzscheit unter der ermatteten Flamme in der Asche versinkt, lösen sich kleine Säulen aus dem schnarchenden Feuer.

FRÜCHTE

In jedem von uns steckt der Instinkt des Sammlers. Auch Kinder können nicht spazieren gehen, ohne aufzuheben, was sie unter den Bäumen finden, auch wenn sie es gar nicht gebrauchen können. Vor langer Zeit füllten im Herbst die Früchte, die sie den Tieren aus Feld und Wald streitig machten, die hohlen Wangen der kleinen Bauern.

In unserer satten Kindheit waren wir nie gezwungen, etwas zu sammeln, um uns vom Hunger abzulenken. Bei unseren Streifzügen entlang der Hecken füllten wir unsere Eimer mit Brombeeren, die nach Ameisen rochen, um daraus Marmelade zu machen. Und trotz aller Begeisterung für die Früchte, die von den Ästen hingen, hüteten wir uns davor, die Trauben aus roten Weißdornbeeren oder die blauen Kugeln des Schlehdorn zu berühren, geschweige denn zu probieren. Diese allzu schönen winzigen Äpfel sahen aus, als wollten sie uns vergiften.

Wenn wir durch Hohlwege und durch das Unterholz streiften, legten wir uns einen Eichelvorrat zu. Wir suchten uns die schönsten aus. Sie hatten ihr Hütchen noch und waren nicht von Würmern oder Rüsselkäfern durchlöchert. Mit Streichhölzern bastelten wir daraus ein paar kleine Männchen mit ihren Tieren. Die übrig gebliebenen Eicheln vergaßen wir danach im Gras. Am wertvollsten von der ganzen Ernte waren die Kastanien, deren Glanz uns als Erwachsene immer noch bezaubert. Diese erstaunliche und begehrte Frucht fiel von den Rosskastanien der Allee im Park. Uns gefiel alles an ihr. Die riesigen Blätter, die schönen grünen Schalen und ihre falschen Stacheln, die weiße Innenhaut, in der die Kastanien glänzten. Es war ein überaus sinnliches Vergnügen, den Finger hineingleiten zu lassen und die schimmernde Frucht aus ihrem weichen Käfig zu befreien. Um in den Tiefen unserer Taschen mit dem Daumen über die so harte, glatte und gewölbte Kastanie zu streichen.

Am Stadtrand gab es einen alten Esskastanienhain und einige Bäume standen auch an den Rändern einer kleinen Straße. Einige schienen zur Hälfte abgestorben zu sein. Ihre verdrehten Äste, die tiefen Risse ihrer Rinde und ihre vertrockneten Zweige, an denen etwas mageres Laub hing, machten uns ein wenig Angst. Sie verführten uns wie diese wackeligen und aus der Form geratenen Alten mit dem bösen Blick, die Kindern Süßigkeiten anbieten.

Auf der Suche nach schönen runden, lackierten Kastanien mit flachem Rücken fuhren wir mit Stöcken durch den goldenen Teppich aus stacheligen Hüllen. Mit dem Fuß zertraten wir die Kugeln, um an unsere nicht so leicht zugängliche Beute zu kommen. Am Ende stachen wir uns immer in die Finger. Wir konnten es nicht abwarten, unsere Körbe zu füllen, um die Orte zu verlassen, an denen der Novembernebel spukte.

Auf dem Rückweg hatten wir schon den Duft von gegrillten Kastanien in der Nase und der Gedanke an ihr butterweiches Fleisch ließ uns das Wasser im Mund zusammenlaufen.

Holz

Holz ist schön, sinnlich und riecht gut. Unter der Rinde ist es glatt wie eine Haut. Stein erscheint undurchdringlich, während Holz sich leicht öffnet. Es lässt Keile und Nägel eindringen oder sich mit der Hand zersägen. So wird es vom Feuer der Liebe verzehrt, in eine rote Glut getaucht und verschlungen.

Sein Name geht auf das Germanische zurück: „Holz“ bezeichnete ein mit Bäumen bedecktes Stück Land, bevor er auch für das Material verwendet wurde, aus dem die Äste, Stämme und Zweige der Bäume bestehen. Seither benutzt man das Wort in vielen Zusammenhängen.

Am Anfang war das Gehölz ein vertrauter Ort, der kleine Bruder der großen tiefen Wälder, in deren Dunkelheit Straßenräuber und Soldaten in unsicheren Zeiten ihr Unwesen trieben. Aus ihrem Dickicht tauchten manchmal Wölfe auf, die sich nach langem Fasten verirrt hatten. Aber der Wind trug immer den frommen Klang der Kirchenglocken bis in die Wälder. Nur wer über die Dinge dieser Welt zu wenig wusste, begab sich tiefer als nötig in den Wald.

In der Kindheit fürchteten wir uns nicht im Wald. In kleinen Banden fanden wir uns schnell auf seinen gutmütigen Pfaden zurecht. Aber das war schließlich der Wald bei uns zu Hause. Er schien uns zu mögen. Wir hatten meistens auch Spielzeug aus Holz. Ganz zu schweigen von all den Möbeln und Dingen in unserer täglichen Umgebung. Da konnte der aufrecht stehende, lebendige Wald voller Geräusche nichts anderes sein als ein guter Geist, der über unsere Baumhäuser und unsere Abenteuer wachte.

Damals beobachtete ich die Erwachsenen erstaunt bei einer gleichzeitig demonstrativen und verstohlenen Geste. Mitten in ihren Gesprächen fiel mir auf, dass sie sich plötzlich merkwürdig verhielten und Holz berührten. Später verstand ich, dass sie damit Schicksalsschläge abwenden und ihr Glück beschwören wollten. Manche hoben dabei sogar die Tischdecken an. Andere gingen zu den Schränken oder Büfetts und zollten dem Schicksal seinen Tribut. Wieder andere klopften symbolisch an ihren Kopf, blickten allerdings so ernst, dass man ihnen ihre scheinbare Lässigkeit nicht abnahm. Sie glichen Ungläubigen, die man beim Bekreuzigen erwischt hatte.

Die magische Kraft des Holzes reicht lange Zeit zurück. Hellseher und Zauberer schnitten sich Stäbe aus Holz, das Volk schnitzte sich Amulette. Auch das düstere Symbol der Kirche, das die Finsternis und ihre Dämonen in ihre Schranken verweisen kann, ist aus Holz.

Doch wie im Falle des Eisens musste die Hoffnung auf seine Wohltaten teuer bezahlt werden. Sklaven erstickten am Kreuz, Diebe jammerten an Pfählen, Mörder brüllten unter dem Rad, Ketzer husteten auf Scheiterhaufen.

Wie alles was er berührt, hat der Mensch das Holz zugleich gesegnet und verflucht.

Samen

Als wir Kinder waren, kamen kaum Worte mit sexueller Bedeutung in unserer Sprache vor. Die Erwachsenen mussten einfallsreich sein und sich Bilder ausdenken, um allzu neugierigen Kindern in gewählten Worten das Geheimnis der Empfängnis zu erklären. So manche Väter, die gerade noch mit ihrem Wissen über zehn andere Themen geglänzt hatten, erstaunten ihre Sprösslinge damit, dass sie sich in Reden verstrickten, deren einfacher Inhalt allerdings weder ihre offensichtliche Verwirrung noch ihre vorgespielte Gleichgültigkeit zu rechtfertigen schien.

Die Geschichte des kleinen Samenkorns, das seine abenteuerliche Reise beginnt, wenn die Eltern sich sehr lieb haben, ist keine dichterische Glanzleistung, sondern verdeutlicht die Schamhaftigkeit gegenüber dem Geschlecht. Und die Pflanze, als kleine Frucht der Liebe, musste vielfach als Metapher herhalten und befreite die prüden Säugetiere aus ihrer peinlichen Situation. Aber welcher Mann, der seiner Schönen einen Blumenstrauß schenkt, ist sich dessen bewusst, dass er ihr in Form der hübschen Blüten die duftenden Geschlechtsorgane aus dem Reich der Pflanzen unter die Nase hält?

„Ein sauberes Früchtchen“, schimpfen die Menschen, wenn sie sich über jemanden ärgern, der sich falsch verhält. „Die guten ins Töpfchen, die schlechten ins Kröpfchen“, sagt Aschenputtel zu den Tauben, die ihr beim Aufsammeln der am Boden verschütteten Linsen helfen. Nach dem Prinzip gut oder schlecht sortiert der Mensch alles: das Getreide, alle Pflanzen, alle Tiere und alle Menschen. Vielleicht erinnert er sich letztendlich noch daran, was er den Bäumen verdankte, als er noch als großer Affe an ihren Ästen hing und seine kleine Affenfamilie zu ihnen führte, um ihre Früchte zu futtern.

Bäume beschäftigen sich weder mit Moral noch mit Wortgewandtheit. Ihre Dinge der Liebe und der Fortpflanzung lassen sie vom Wind, von den Vögeln oder von den Insekten erledigen, je nachdem wer zuerst kommt. Darin besteht ihre Genialität. Blühende Bäume sind Verführer. Sie putzen sich heraus wie Dandys und parfümieren sich wie Edelhuren. Listig machen sie mit ihrem Nektar Bienen und Schmetterlinge betrunken, um sie so leichter mit ihrem Pollen zu vergolden. Sie sind unbeweglich, verstehen es aber sich in Bewegung zu setzen. Dann ziehen sie wie eine Wolke vorüber oder fliegen wie eine Hummel. Zu sterben und wiedergeboren zu werden, gehört zu ihren gewöhnlichen Fähigkeiten. Ihr Samen, der mit der Zeit unter die Erde gerät, wartet indessen auf seine Stunde.

Auch der ungeduldige Mensch verpflanzt den Baum und transportiert seinen Samen sogar von einem Kontinent zum anderen. Er geht mit ihm um wie mit dem Gemüse in seinem Garten.

Der Mensch, der seiner inneren Unruhe stets wie ein Schatten folgt, treibt den Baum, der wiederum seinen Schatten nicht an sich zu binden vermag, zu Riesenschritten an.

KIRCHE

Wer eine Kathedrale betritt, verlässt die Welt und dringt in einen feierlichen und stillen Ort ein. Manchmal nimmt er einen fettigen Wachsgeruch wahr, einen Rest würzigen Weihrauchs. Man spürt immer die Kälte, die von den Steinen abstrahlt, als wenn sie aus unseren eigenen Knochen käme, die angesichts der Gräber plötzlich erkalten: In Kapellen eingemauerte Bischöfe, unter Steinplatten begrabene Domherren. Mit Bändern verzierte Reliquien.

Man richtet die Augen nach oben und verdreht sich den Hals, um die Gewölbe zu bewundern, lehnt sich an die Säulen, entdeckt an den Kapitellen Szenen in Baumkronen. Man durchwandert die Flecken, die das Licht durch die Glasfenster auf den Boden wirft, durchquert ihren vielfarbigen Regen.

Das glänzende Holz der Bänke lädt zum Darüberstreichen ein. Wie die Bäume wohl ausgesehen haben, aus denen die bärtigen Heiligen mit Bischofmützen oder in Märtyrergewändern geschnitzt wurden oder die glatten, farbenfrohen, sanften Jungfrauen? Man weicht dem Blick ihrer falschen Augen aus und vertieft sich in die Betrachtung all der Windungen, Wellen und Bewegungen des reichen Faltenwurfs ihrer Gewänder. Wer dann die Augen schließt und seine Gedanken treiben lässt, glaubt ganz sicher, er sei mitten in einem Wald aus Steinen.

Am Anfang baute der Wald seine eigenen Kathedralen. Seine Stämme stützten die verzweigten Kronen, von denen schwingende Vorhänge hingen, wie in einem Portikus.

Als aus ihren Tiefen die ersten Götter auftauchten, ward der Mensch geboren. Als großer Baumeister stellte er ihnen Heiligtümer auf und glaubte, dem Stein das Geheimnis der Ewigkeit zu entlocken. Denn die Säule ist ein versteinerter Baum. Aber die Zeit nagt an ihm und wirft ihn um. Bald darauf ragen die Skelette der Ruinen auf wie kahle Wälder.

Die Gotik verfeinerte diese Überlagerung von naiver Schönheit der Natur und den Meisterwerken der Menschheit. Sie gab dem Hochwald der Bäume Laub, den Gewölben Äste, Bögen und Adern und verlieh den Fenstern, die Rosetten zierten und an denen ein Geflecht von Zweigen empor rankte, ihre Lichtdurchlässigkeit.

Und wer den Geruch der alten Steine in die Nase bekommt, der an die feuchten und glitschigen Ausdünstungen eines Kellers erinnert, möchte am liebsten ins Unterholz davonlaufen. Um dort im leichten Wind zu baden und den milden Atem der Erde einzusaugen, sich an ihrer Feuchtigkeit zu berauschen und sich auf dem weichen Bett aus Blättern und Moosen zu wälzen.

Glossar

Ähre: Blütenstand eng nebeneinanderstehender und behaarter Blüten.

Arillus: Dieser fleischige, membranartige Samenmantel umhüllt die Samen bei verschiedenen Pflanzen und ist mehr oder weniger stark ausgeprägt. So ist z. B. die falsche Frucht der Eibe aufgebaut, die einer Beere ähnelt.

aufsitzend: Teile der Pflanze, die keinen Stiel haben, wie Blätter, Blüten oder Früchte, sitzen dem Spross auf (Beispiel: Blätter des Buchsbaumes).

bartlos: Glatt und unbehaart im Gegensatz zu behaart, samtig, flauschig. Blätter haben häufig eine behaarte Oberfläche, während ihre Unterseite glatt ist.

Blattspreite: Bezeichnet die große, flache von Adern durchzogene Fläche des Blattes und den Blattstiel.

Blütenstand (Infloreszenz): Anordnung der Blüten um den Spross der Pflanze. Nach ihrer Form unterscheidet man zum Beispiel in Köpfchen, Doldentrauben, Rispen, Ähren, Trauben, Dolden und Kolben. Kätzchen sind zum Beispiel Ähren.

Blütenstiel: Stiel einer einzelnen Blüte.

Buchecker: Die trockenen Früchte der Buche stecken in einer Kapsel mit vier Klappen, die sich im Herbst nach und nach öffnen, sobald die Früchte reif sind.

Dolde: Die Dolde ist eine Traube mit gestauchter Hauptachse, bei der die Seitenachsen scheinbar von einem Punkt ausgehen (Beispiel: Weißdorn, Birnbaum).

Doldentrauben: Blütenstand, bei dem die Blütenstiele unterschiedlich lang sind. Die Länge der Seitenachse nimmt von unten nach oben ab, so dass die Blüten in etwa auf einer Ebene liegen. Die Doldenrispe oder Schirmrispe entspricht der Doldentraube.

einflügelige Nüsschen: Trockene, flache, lederartige Schließfrucht, die meist durch einen membranartigen Flügel verlängert wird (Beispiel: Erle, Esche). Zweiflügelige Nüsschen haben zwei Teilfrüchte (Beispiel: Ahorn).

einhäusig: So bezeichnet man Pflanzenarten, bei denen sich die männlichen und weiblichen Blüten an einer Pflanze bilden, im Gegensatz zu zweihäusigen Pflanzenarten.

Fiedern: Die Teile eines zusammengesetzten Blattes nennt man Fiedern. Ein Kastanienblatt besteht z. B. aus fünf bis sieben, ein Robinienblatt aus sieben bis 19 Fiedern.

Fruchtbecher: Kleine schuppige, manchmal stachelige Kapsel (mit oder ohne Stiel), die von der Basis einer Frucht oder eines Samens ausgeht und sie mehr oder weniger umhüllt (Beispiel: Buche, Eiche, Kastanie).

gegenständig (Blätter): Die Blätter sitzen zu zweit am Spross und liegen sich anders als wechselständige Blätter direkt gegenüber (Beispiel: Esche, Ahorn).

gekerbt (Blatt): Am Blattrand wie abgerundete oder spitz zulaufende Zähne geformt.

gestielt: An einem Stiel befestigt (Beispiel: die Eichel der Stieleiche).

herzförmig: Bezeichnung für Blätter, die vom Blattstiel aus wie ein Herz geformt sind (Beispiel: Flieder).

holzig: Aus Holzfasern bestehend.

Kalkflieher: Sie benötigen kalkarme Böden wie zum Beispiel die Kastanie und die Seestrandkiefer.

Kalkpflanzen: Sie bevorzugen kalkhaltige Böden wie zum Beispiel die Stieleiche oder die Aleppo-Kiefer.

Keimblätter: Junge sehr verdickte Blätter voller Nahrungsvorräte. Sie versorgen die Pflanze mit Nährstoffen, bevor sie ihre Wurzeln und Blätter ausbildet. Sie bilden sich aus dem Samen direkt am Spross des Keimlings.

Kelchblatt: Kleine Blätter an der Basis des Blütenstiels. Sie haben eine charakteristische Form, Farbe und Konsistenz und ähneln oft Blütenblättern. Bei der Linde ist es z. B. mit dem flügelartigen Hochblatt verwachsen.

Kolben: Blütenstand, bei dem vom Spross aus Verzweigungen wachsen, an denen sich die Blüten bilden (Beispiel: Maiskolben, Schilfrohr).

korkig: Aus Kork bestehend.

langlebig: Langlebige Baumarten wie zum Beispiel Eiche und Lärche werden mehrere 100 Jahre alt. Wenn Bäume nicht wesentlich älter werden als ein Jahrhundert wie Zitterpappeln und Birken gelten sie nicht als langlebig. Als kurzlebig bezeichnet man Bäume, die nicht viel älter als 40 Jahre werden (Beispiel: Weiden).

länglich: So werden Blätter beschrieben, die an beiden Enden abgerundet und viel länger als breit sind.

Lentizellen: Punkt- oder strichförmige Poren in der Rinde der Zweige und Stiele einiger Baumarten. Sie dienen dem Gasaustausch zwischen dem tiefer gelegenem inneren Gewebe und der Umgebung (Beispiel: Zitterpappel, Birke, Holunder, Weide).

Liber (Holzteil): Die Leitbündel in der inneren Rinde setzen sich aus Gefäßen zusammen: dem Siebteil und dem Holzteil. Der Holzteil transportiert Wasser und darin gelöste Nährstoffe. Das Kambium trennt ihn vom Holz.

Nektarien (Honigdrüsen): Pflanzliche Drüsengewebe oder -haare, meist in der Blüte, die Nektar ausscheiden, aus dem Bienen Honig gewinnen können (Beispiel: Linde, Robinie, Kastanie).

Samenmantel: Hülle des Samens.

samtig: Mit kurzen feinen, weichen Haaren bedeckt, die eine daunenartig weiche Oberfläche bilden.

Säulenwuchs: In dieser Form wachsende Bäume haben einen aufrechten, spitz zulaufenden Wuchs und schmiegen ihre Äste dicht aneinander (Beispiel: Italienische Pappel, Mediterrane Zypresse).

Scheinrispen: Pyramidenförmige Blütentrauben (Beispiel: Esskastanie, Flieder).

Schließfrucht: Im Gegensatz zur Schleuderfrucht öffnen sich Schließfrüchte (Beispiel: Nüsse, Flügelnüsse) nicht, wenn sie reif sind, sondern verrotten, bevor sie die Samen freigeben.

sphärisch: Fast rund oder kugelartig, wie die Beeren der Mistel oder Zypressenzapfen.

spiralig: Die Blätter sitzen in Form einer Spirale am Zweig.

Steinfrucht: So nennt man fleischige Früchte, deren Samen von einem Kern umgeben ist (Beispiel: Pflaume, Pfirsich, Olive, Stechpalme).

Teilfrüchte: Die Frucht besteht aus zwei Teilen (Beispiel: zweiteilige Flügelnüsschen des Ahorns).

Tragblätter: Blatt aus dessen Achsel ein Seitenspross entspringt. Die meisten Blütenstände bilden sich über Tragblättern, insbesondere Dolden und Köpfchen.

Trieb: Junger Zweig, der aus einem Stamm austreibt. Anders als die Nadelbäume können die meisten Laubbaumarten nach einem Rückschnitt wieder junge Triebe bilden.

wechselständig: Aus jedem Sprossknoten wächst ein Blatt. Die Blätter sind nach einem wiederkehrenden Schema um den Stamm angeordnet und zeigen alle in eine andere Richtung, während gegenständige Blätter sich direkt gegenüber stehen

zweihäusig: Blütenpflanzenarten, bei der eine Pflanze entweder nur männliche oder nur weibliche Blüten trägt. (Beispiel: Weide, Pappel, Eibe, Ginkgo). Wenn hingegen männliche und weibliche Blüten auf einer Pflanze vorkommen, bezeichnet man das als einhäusig.

Register

Inhalt

Insbesondere danken wir Stéphane Carrusca und Patrice Hirbec für ihre wertvolle Unterstützung.

BILDNACHWEIS

Illustrationen: Jean CHEVALLIER
Foto Umschlag: Frantisek ZVARDON

Patrick BOGNER: 4–5; 61; 73; 158; 185 — Bernard BOISSON: 8 u.; 14 r.; 15 o.r.; 20 o.r., u.; 34 r.; 36 o.r.; 48 r.; 49 o.; 50; 51 l.; 64; 65; 128; 129; 135; 156 — Ludovic CAZENAVE: 11 u. — Daniel DROUARD: 27 l.; 31 l.; 42 o.r.; 76; 78; 86; 109; 157; 181 — Stanislas FAUTRÉ: 33 o.r.; 35 r.; 55 r.; 96; 97; 119; 125; 130; 131 — Fernando FERREIRA: 13 l.; 152; 162 — Eric GIRARDOT: 47 u. — Stéphane GODIN: 100 — Jean-Marc GOURDON: 21 u.; 45 l. — HELLIO & VAN INGEN: 24 o.r.; 28 r. — Jean-Louis KLEIN et Marie-Luce HUBERT: 6; 7 u.r.; 8 o.; 9 o.r., o.r.; 10 o.; 12 u.; 14 o.; 15; 16; 17 r.; 18 l.; 19 o.; 20 o.r.; 21 o., r.; 23 u.r.; 24 l., o.r.; 25 o.; 26; 27 o.r., u.r.; 28 l., o.r.; 29 o.; 33 u.; 34 l.; 37; 38 u.; 40; 41 l., u.r.; 42 o.r.; 43; 44; 45 o.r., u.r.; 46 o.; 48 l.; 49 u.; 51 r., M., u.; 52; 53 u., r.; 54; 55 u.; 82; 83; 88; 124; 164; 165; 166; 168 — Franck LECHENET: 66–67; 70; 71; 141; 146 — Michel LOUP: 69; 122; 147; 159 — Christophe MEYER: 7 r.; 23 l.; 30; 118 — Fabrice MILOCHAU: 110; 173 — Jean-Christophe MOUDENS: 33 o.r.; 39 o.r.; 58–59; 68; 72; 101; 105; 107; 108; 132–133; 148–149; 175; 182–183 — Vincent MUNIER: 2; 7 l.; 9 u.; 23 o.r.; 25 u.; 29 u.; 53 o.r.; 57; 74; 79; 87; 90; 91; 92–93; 111; 112–113; 115; 116–117; 121; 138; 142; 143; 150–151; 154; 160–161; 167; 170; 171; 174 — Franck RENARD: 14 u.l.; 31 u.r.; 36 l.; 39 o.r., u.r.; 94 — Philippe RICHAUD: 60; 102–103; 114; 127; 163 — Philippe ROY: 11 l.; 12 o.r.; 13 r.; 38 o.r.; 140 — Christophe SIDAMON-PESSON: 11 o.r.; 14 o.; 31 o.r.; 75; 77; 98; 99; 120; 126; 134; 136–137; 139; 153; 155; 180 — Gérard SIOEN/Rapho: 12 o.r.; 16 l.; 17 l.; 18 u., r.; 19 u.; 22; 35 l.; 46 u.; 55 o.; 62; 63; 106; 144; 145 — Pierre SOISSONS: 36 o.r.; 89; 169; 172 — Frantisek ZVARDON: 10 r.; 38 o.r.; 47 o.; 80–81; 84; 85; 95; 104; 123; 176–177; 178–179; 184; 186; 187

[o.: oben / o.l.: oben links / o.r.: oben rechts / M.: Mitte / M.l.: Mitte links / M.r.: Mitte rechts / u.: unten / u.l.: unten links / u.r.: unten rechts / l.: links / r.: rechts]

In derselben Reihe bereits erschienen: „Pferde Europas“, ISBN 3-938265-01-9

Die Originalausgabe erschien unter dem Titel „Portrait des arbres“ bei
© Castor & Pollux
Grande Rue
F-52000 Buxières les Villiers

© für diese Ausgabe:
RvR Agentur & Verlagsgesellschaft mbH
Schulstraße 64
D-77694 Kehl
info@rvr-verlag.de

Übersetzung: Petra Sparrer
Lektorat: Susanne Baumung
Projektkoordination: Ruth Mader
Druck: Imprimerie Kapp, Evreux, Frankreich

ISBN 3-938265-00-0